内装电路压电加速度计原理与设计

Piezoelectric Accelerometers with Integral Electronics

［美］费利克斯·莱文森　著　　唐旭晖　译

燕山大学出版社
2019·秦皇岛

图书在版编目（CIP）数据

内装电路压电加速度计原理与设计 /（美）费利克斯·莱文森（Felix Levinzon）著；唐旭晖译. —秦皇岛：燕山大学出版社，2019.11

书名原文：Piezoelectric Accelerometers with Integral Electronics

ISBN 978-7-81142-455-3

I. ①内… II. ①费… ②唐… III. ①加速度传感器 IV. ①TH824

中国版本图书馆 CIP 数据核字（2018）第 299883 号

内装电路压电加速度计原理与设计

[美]费利克斯·莱文森（Felix Levinzon） 著 唐旭晖 译

出 版 人：陈 玉
责任编辑：朱红波 唐志国 裴立超
封面设计：吴 波
出版发行：燕山大学出版社 YANSHAN UNIVERSITY PRESS
地 址：河北省秦皇岛市河北大街西段 438 号
邮政编码：066004
电 话：0335-8387555
印 刷：中国标准出版社秦皇岛印刷厂
经 销：全国新华书店

开 本：889mm×1194mm 1/16　印 张：10.75　字 数：242 千字
版 次：2019 年 11 月第 1 版　印 次：2019 年 11 月第 1 次印刷
书 号：ISBN 978-7-81142-455-3
定 价：70.00 元

作者前言

内装电路压电加速度计，也被称为集成电子电路压电（IEPE）加速度计，或集成电路压电（ICP）加速度计，是专门用于测量动态振动信号的振动传感器，其频率响应范围可从非常低的频率（接近 DC）到 10 kHz。这种传感器的优点包括低噪声、宽动态范围、宽频率范围、宽工作温度范围、低输出阻抗、高灵敏度，并可实现微小型化设计。

IEPE 加速度计广泛应用于飞行器、汽车和航天器测量；结构监测；国土安全，石油勘探；隔震和稳定性平台；地球物理和地震测量；以及引力波探测器的主动隔震器等领域。

本书展现了处于行业领先地位的 Endevco IEPE 加速度计技术发展水平。

本书填补了有关 IEPE 传感器研究文献的空白。目前，几乎还没有看到以 IEPE 传感器为主题的图书。有关 IEPE 加速度计的研究文献最多只有几篇期刊论文和会议论文。

第 1 章介绍 IEPE 加速度计技术领域的概况，包括 IEPE 加速度计的工作原理、基本结构、原理图、测量系统框图和分类。第 2 章和第 3 章分别介绍了 IEPE 加速度计的两个基本组成部分，即压电传感器（PE Transducer）和 FET 输入放大器的工作原理。压电传感器也是著名的不含电子电路的压电加速度计的组成部分，因此，本书主要集中讨论大多数读者可能还不太熟悉的 IEPE 加速度计中的电子电路。大多数情况下，FET 输入放大器是 IEPE 加速度计噪声的主要来源。第 4 章对用于 IEPE 传感器中 FET 输入电荷放大器和电压放大器的基础电路——共源 FET 放大器的噪声进行了分析。第 5 章给出了不同型号 JFET 和 MOSFET 的噪声测量结果，这些器件都是 FET 输入放大器的基础性有源器件。第 6 章讨论了 IEPE 加速度计中 PE 传感器的噪声特性。第 7 章推导出估算 IEPE 加速度计本底噪声的工程表达式，论述和分析了 FET 输入放大器和压电传感器这两个主要噪声源对 IEPE 本底噪声的贡献。第 8 章专门研究了超低噪声地震测量 IEPE 加速度计的设计，该传感器以超低噪声为特色（就体积和重量而言），迄今为止，能与之匹敌的超低频（接近 DC）技术指标尚无公开报道。第 9 章介绍了最新设计的基于硅半导体器件、最高工作温度达 175 °C 的高温微型三轴向和单轴向 IEPE 加速度计。本章还对所设计的高温 IEPE 加速度计与代表行业内最高技术水平的高温 IEPE 加速度计做了比较，并讨论了影响电子电路高温工作能力的关键因素。

本书作为 IEPE 加速度计及其内装电子电路的宝贵信息源，对工程、制造、工业和在 IEPE 加速计领域工作的专业科研人员以及相关专业的大学生和研究生具有重要的参考价值。

Felix Levinzon

美国加利福尼亚州欧文市

作者致谢

感谢 Endevco 提供的支持。

特别感谢 Margie Mattingly 的帮助、鼓励与支持。她审阅了本书的所有章节，并提出了非常有益的技术和文本意见与建议。

David Wisniewiski 审阅了本书全稿并提出了建设性意见，在此表示感谢。

在此对 Randy Martin 的大力支持表示感谢，本书的出版有赖他不懈努力的工作。

译 者 前 言

本书作者 Felix Levinzon 博士是 Endevco 的资深工程师，其研究设计工作主要是 IEPE 振动传感器的内装电子电路、压电传感器信号适调电路和低噪声模拟电子电路，以及高温模拟电子电路。译者从本世纪初开始关注低噪声电子电路的研究，查阅到 Felix Levinzon 博士发表在《IEEE SENSORS JOURNAL》等刊物和国际会议上的多篇研究论文，并潜心研读，获益良多。自此，引以为师，可以说神交已久。

2016 年从冠标科技有限公司得到本书的英文版，阅读之余深为本书的翔实内容所吸引，也被 Felix Levinzon 博士严谨的专业精神所感动。在与冠标科技有限公司的交流过程中，冠标总经理贺毅先生提议将此书翻译出版，以扩大本书在国内的影响，为振动测量工程领域的从业人员提供一本既有深入的专业基础理论，又有一定实用价值的案头参考书。译者深以为然，欣然领诺。

自从 20 世纪 60 年代后期 IEPE 传感器出现以来，IEPE 加速度计以其特有的技术优势，在振动工程领域得到广泛应用。在数十年的发展过程中，国内外有关专业的学者和工程技术人员为 IEPE 传感器的技术发展和实际应用付出了不同程度的努力。目前，IEPE 传感器已经形成了现实的行业应用规范。与此同时，不断有公开出版的研究和应用报告，在相关专业书籍中也均有不同程度涉及 IEPE 传感器的介绍。但到目前为止，有关 IEPE 传感器的专著只有 Felix Levinzon 博士的这本《Piezoelectric Accelerometers with Integral Electronics》。

对本书的翻译是一个很愉快的学习过程，Felix Levinzon 的这本著作首次系统地阐述了 IEPE 加速度计的工作原理和性能指标，通过对 IEPE 加速度计内装电路的详细分析，论述了 IEPE 传感器不同内装电路的性能特点和设计实例；开创性地建立了 IEPE 加速度计的噪声模型和工程表达式，并以作者的多年研制工作为基础，提出降低 IEPE 传感器噪声的技术途径。向读者展示了超低噪声 IEPE 加速度计和高温 IEPE 加速度计的设计理论与制造工艺，为进一步拓展 IEPE 加速度计的应用领域奠定了理论与实践基础。总之，本书代表着 IEPE 传感器技术领域目前最高研究水平，通过对典型产品的介绍展示了行业内一流 IEPE 加速度计的设计和制造水平。通过这本专著，作者为从事压电测量仪器设计制造的工程技术人员树立了一个专业典范，其研究方法指明了提高产品设计和制造水平的方向；是振动测量工程领域工程技术人员的一本不可多得的实用参考书。同时，译者还认为，作者的研究方法亦不失为模拟电子电路工程师的圭臬。

译文尽可能尊重原书的写作风格，以不失其专业特色为翻译目标。但由于译者的学识所限，书中难免会有不尽如人意之处，望广大读者不吝赐教，提出宝贵意见，以备将来做进一步修改。

唐旭晖

2018 年 10 月于燕山大学

译者致谢

感谢燕山大学电气工程学院仪器科学工程系老师们的鼓励和帮助。我的同事张颖教授主动承担了本书译稿的修改和润色工作，在此特别致谢。感谢每天陪我一起读书学习的本学科研究生同学们，感谢李鹏程、谷雨和石沙沙同学为本书绘制和制作了精美准确的插图。感谢冠标科技有限公司总经理贺毅先生的美意，正是有了贺毅先生的慷慨和对振动测量领域的深厚感情才有了本书的翻译和出版。同时感谢燕山大学出版社的鼎力相助，尤其感谢唐志国先生为本书出版付出的耐心而持久的劳动。

目　　录

第 1 章　内装电路压电加速度计概述

关键词　放大器：电荷放大器，基于 FET-BJT，基于运算放大器，FET 输入放大器，电压放大器；幅值响应；频率响应；地回路；IEPE 加速度计：特性，电荷模式，系统配置，单轴向，三轴向，电压模式，地绝缘，TEDS；压电加速度计；相位响应；压电传感器；远程电荷放大器；信号适调电路

内装电路压电加速度计（Piezoelectric Accelerometers with Integral Electronics），简称 IEPE 加速度计，是动态振动测量领域的主要传感器。它将压电传感器（作为机械部分）和电子电路（作为电气部分）整合在一个屏蔽壳体之中，主要用于测量频率在 1 Hz～10 kHz 范围内的振动信号，某些型号还具有低于 1 Hz 或高于 10 kHz 的频率响应特性。本章重点介绍对大多数读者来说比较陌生的 IEPE 加速度计中的电子电路部分，论述 IEPE 加速度计的工作原理、电路结构、系统配置、外形设计、性能特点和分类方法，同时给出两个主要类型传感器：基于 FET-BJT 分立器件和集成运算放大器作为内装电路的电荷模式 IEPE 加速度计和电压模式 IEPE 加速度计。简要介绍 IEPE 与 PE 加速度计特性及其优缺点比较、地绝缘传感器和接地回路问题，以及内置 TEDS（Transducer Electronic Data Sheet）存储器的 IEPE 传感器。本章所述主题将为从事 IEPE 加速度计设计和应用的专业人员提供有价值的信息。

1.1　IEPE 加速度计工作原理和基本结构

内装电路压电加速度计，也称为集成电子电路压电加速度计（Integrated Electronic Piezoelectric Accelerometers），在振动测量技术领域习惯上称之为 IEPE 加速度计，特指将压电传感器（Piezoelectric Transducer，简称 PE 传感器）与电子电路集成在一个屏蔽壳体内的一大类动态振动传感器，其中的压电传感器属于机械部分，而电子电路是电气部分 [1-21]。在压电传感器行业内，IEPE 加速度计还有一个广为熟知的名称是集成电路压电传感器（Integrated Circuit Piezoelectric Sensor，简称 ICP 传感器）[3]。IEPE 加速度计具有低噪声、宽动态范围、宽频率响应、宽工作温度范围、低输出阻抗、高灵敏度等优点，并可实现微型设计。IEPE 加速度计有着非常广泛的应用领域，诸如航空航天、汽车工业、结构监测、医疗仪器、国土安全、石油和矿物勘探、隔震技术和稳定平台、地震学和地震测量等，甚至已成功应用在了引力波探测系统的主动隔振器这一类

非常规研究领域。作为得到广泛应用的振动传感器，IEPE 加速度计可测量宽频带加速度信号，一般典型工作频率范围为 1 Hz～10 kHz。有些 IEPE 加速度计的低频响应能力可低至 0.001 Hz，也有些 IEPE 加速度计的高频上限转折频率大于 10 kHz。

图 1.1 给出了 IEPE 加速度计工作原理图，图中还包括用同轴电缆或其他类型屏蔽电缆连接信号适调电路（Signal Conditioning Circuit）的接口。PE 传感器由质量 m 和压电（晶体）元件构成。当输入加速度信号 a 作用在传感器上时，质量给压电元件施加作用力 F，压电元件将输入加速度信号转换成输出电荷信号。PE 传感器结构的工作原理符合牛顿第二运动定律：$F = ma$。在动态加速度测量中，IEPE 加速度计的工作频率范围在 PE 传感器谐振频率以下。在正常工作频率范围内，PE 传感器实质上是一个具有高阻抗的电容性信号源。

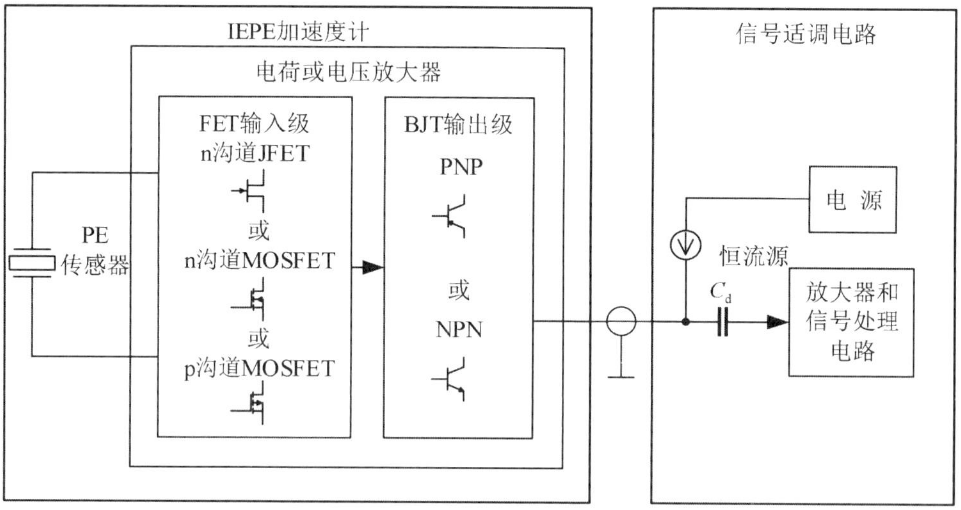

图 1.1　连接信号适调电路的 IEPE 加速度计工作原理图

IEPE 加速度计中的内装电子电路有两种基本类型，分别为电荷放大器（Charge Amplifier）或电压放大器（Voltage Amplifier），主要功能是将 PE 传感器产生的电荷信号变换成电压输出信号。通常，放大器电路由基于场效应晶体管（Field Effect Transistor，简称 FET）的输入级和基于双极型晶体管（Bipolar Junction Transistor，简称 BJT）的输出级组成。放大器将 PE 传感器产生的高阻抗电荷信号变换成可进行远距离传输的低阻抗电压信号，在有的文献中，这样的电荷或电压放大器也被称为电荷或电压变换器（Charge or Voltage Converters）[18, 22]。FET 的类型可以是 n 沟道 JFET、n 沟道 MOSFET 或 p 沟道 MOSFET。BJT 可以是 NPN 或 PNP 型晶体管。有的放大器电路在输入级与输出级间还附加有信号处理电路。有些 IEPE 传感器采用集成运算放大器设计内装放大器电路，但也同样具有基于 FET 输入和 BJT 输出的特性。在有些文献中，将 IEPE 加速度计称为电压输出压电加速度计（Voltage Output PE Accelerometer），以便于和无内装电路的电荷输出压电加速度计（Charge Output PE Accelerometer）形成对照 [13, 23]。大多数 IEPE 加速度计采用电荷放大器原理设计内装电路，只有少数采用电压放大器，其主要原因是电荷放大器比电压放大器有更多优越性，这个问题将在后面的 1.4 节做详细讨论。

以电荷放大器作为内装电路的 IEPE 传感器称为电荷模式（Charge Mode）IEPE 加速度计，顾名思义，电压模式（Voltage Mode）IEPE 加速度计内装电路为电压放大器。低输出阻抗意味着可以使用低成本常规同轴电缆或其他类型屏蔽电缆将输出信号传送至信号适调电路。

信号适调电路还为 IEPE 加速度计提供工作电源，并附加信号放大和根据传感器特定应用所需的信号处理功能。例如，可以利用信号适调电路中的积分电路将加速度信号转换成速度信号。如果空间允许，积分电路也可置于 IEPE 传感器内。电源有正极性，通常电源电压 $V_S = +22 \sim +30$ Vdc。恒流源（Contant Current Source）（例如，恒流二极管）为内装电路提供恒定工作电流。这个系统配置的特点是 IEPE 加速度计和信号适调电路之间仅使用两根连接导线（输出和电路地），可以同时传送输出信号和工作电源。在加速度计输出与信号适调电路放大器的输入之间设置耦合电容 C_d，其作用是消除 IEPE 加速度计输出的直流偏置电压对信号适调电路中放大器输入级的影响。

根据产品的性能特点、通道数、体积、质量和安装方式，IEPE 加速度计的结构有多种设计形式，最常见的结构形式有单轴向（Single Axis）和三轴向（Three Axis or Triaxial）[1-5]。大多数应用场合需要 IEPE 加速度计具有良好的性能参数，如低噪声、高工作温度、小型化、低成本等。举例来说，新型超低噪声单轴向 IEPE 地震加速度计就以低噪声为特色，其 1 Hz 的本底噪声（Noise Floor）约为 40 ng/$\sqrt{\text{Hz}}$，100 Hz 本底噪声约为 3 ng/$\sqrt{\text{Hz}}$ [21]。该加速度计设计成直径 65 mm、高 56 mm 的圆柱体外形，质量为 770 g。另一紧凑型超低噪声 IEPE 地震加速度计有稍大一些的本底噪声，具体噪声指标在 1 Hz 为 90 ng/$\sqrt{\text{Hz}}$，100 Hz 为 10 ng/$\sqrt{\text{Hz}}$，但其体积和质量更小，圆柱体外形直径为 29 mm、高 37 mm，质量仅 170 g [24]。图 1.2 给出这两个超低噪声 IEPE 地震加速度计的实物照片。

还有最新设计的微型三轴向高温 IEPE 加速度计，最高工作温度达到 175 °C[25]，该系列传感器外壳的立方体部分体积为 10×10×10 mm^3，质量为 5 g。图 1.3 是该系列传感器的一个实物照片。

本书将在第 8 章和第 9 章专门研究和论述上面提到的超低噪声和高温 IEPE 传感器设计原理和性能特点。

而以体积小质量轻为特点的超微型单轴向 IEPE 加速度计的体积仅有 5.2×2.5×2.5 mm^3，质量只有 0.2 g [26]，如图 1.4 所示。

此外，图 1.5 和图 1.6 分别是两个最新设计的微型三轴向 IEPE 加速度计，这两个系列加速度计的立方体部分体积均为 6×6×6 mm^3 [27-28]。其中图 1.5 采用地绝缘式结构设计，质量为 0.55 g [27]；

图 1.6 采用全密封式结构设计，质量仅为 0.76 g [28]。这两种三轴向加速度计是迄今为止尚未见到实际产品和公开报道的体积最小、质量最轻的三轴向 IEPE 传感器。

图1.2　超低噪声IEPE地震加速度计

图1.3　高温（175 °C）微型（立方体体积10×10×10 mm³, 5 g）三轴向IEPE加速度计

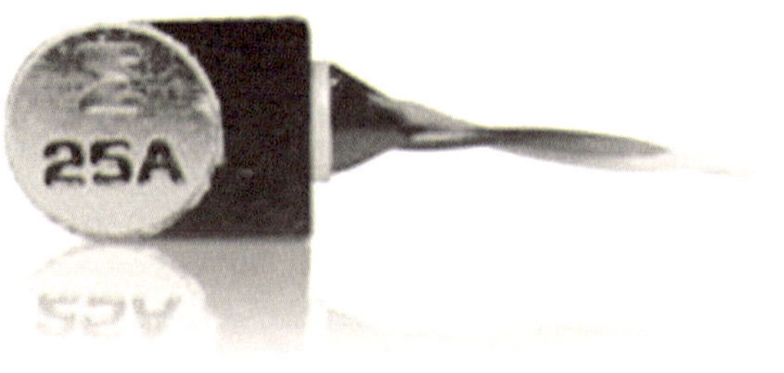

图 1.4　超微型（0.2 g）单轴向 IEPE 加速度计

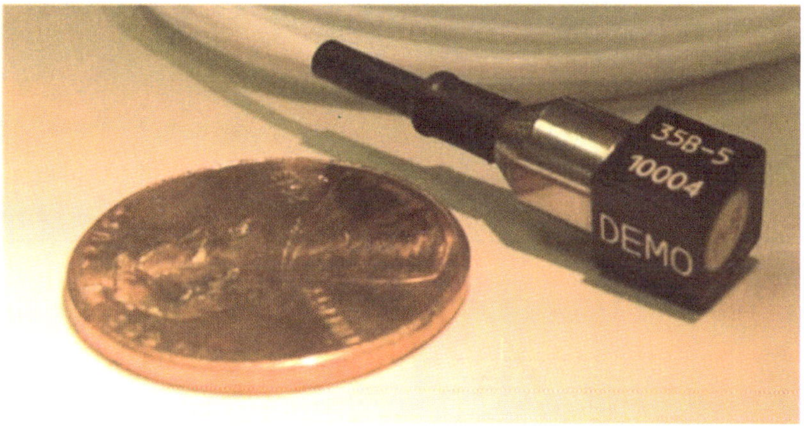

图 1.5 超微型（立方体体积 6×6×6 mm³, 0.55 g）三轴向 IEPE 加速度计

图 1.6 超微型（立方体体积 6×6×6 mm³, 0.76 g）三轴向 IEPE 加速度计

1.2 PE 加速度计与 IEPE 加速度计的比较

压电（PE）加速度计，是业界早已熟知的振动测量传感器 [1-6, 14, 18, 23, 29-34]。与 IEPE 传感器相比，无内装电路的传统 PE 加速度计有很深的历史背景。在 20 世纪 60 年代开始将电子电路置入 PE 传感器内之前，PE 加速度计已经有很长的研究、设计、制造和应用历史 [14, 35]。有关 PE 加速度计的研究文献很多。前面已经提到，现在把这种类型的传感器习惯上称为电荷输出压电加速度计（Charge Output PE Accelerometer）。

图 1.7 给出了 PE 加速度计配接信号适调电路组成测量系统的工作原理图。PE 加速度计输出的电荷信号传送至信号适调电路内的电荷或电压放大器，与 IEPE 内所采用的放大器一样，该电

荷或电压放大器也都以 FET 作为输入级，以 BJT 作为输出级，主要功能是将电荷信号（pC 量级）转换为电压信号（mV 量级），然后再由信号适调电路对电压信号作进一步放大和处理。为了消除测量系统周围环境噪声的影响，通常在 PE 加速度计与信号适调电路之间要采用低噪声同轴电缆来传输 PE 加速度计输出的高阻抗电信号。

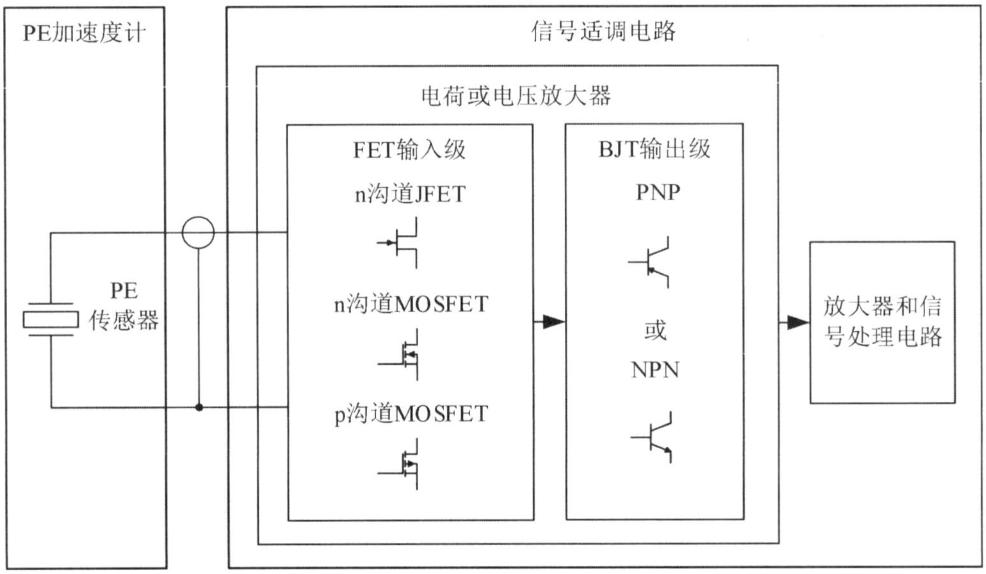

图 1.7　PE 加速度计配接信号适调电路组成测量系统的工作原理图

从图 1.7 中可以很明显地看出，在 PE 传感器的输出端与放大器输入端之间，同轴电缆工作在高阻抗区。与 IEPE 加速度计相比，PE 传感器与电子电路相互独立的系统配置方式需要附加连接接口，这无疑会增大系统噪声、降低动态范围、降低可靠性、增大成本并影响信号质量。工作在高阻抗区的同轴电缆会产生所谓的低频静电噪声，该噪声通常低于 100 Hz [1, 36, 37]。

静电噪声来自机电效应 [36]。这个现象的简单解释如下：静电噪声是发生在电缆中心导线与屏蔽层之间的电荷波动，当电缆受到弯曲、冲击或机械应力扰动时，在电缆某个点的导体与绝缘体瞬间分离产生电荷移动 [36-37]。当电缆连接在低输入阻抗仪器上时，这样的噪声电平可以忽略不计，但在高阻抗区静电噪声将会产生严重影响。

静电噪声降低了 PE 加速度计测量低频微弱动态信号的能力，相当于压缩了传感器的动态范围。为了减轻静电噪声的影响，在 PE 传感器与信号适调电路之间必须使用特制的低噪声同轴电缆。然而，这种类型的电缆也不能完全消除静电噪声。况且，与图 1.1 中 IEPE 传感器所使用的低成本常规同轴电缆相比，这种特制低噪声同轴电缆成本要高得多。

高阻抗电缆的另一个缺点是对电磁干扰（EMI）高度敏感。空间电磁波穿透电缆保护层，通过接地导线（地回路）形成干扰，高阻抗电缆比 IEPE 传感器所用的低阻抗电缆更易形成地回路干扰。因此，高阻抗电缆长度通常不能超过 30 m[38]。为了减轻电磁干扰和地回路的影响，可采用差动 PE 传感器配合差动电荷放大器组成测量系统。但这种测量方式依然难以达到 IEPE 加速度计所具有的低噪声特性，以及抗电磁和地回路干扰的水平。

当实际应用需要使用长电缆时，可用远程电荷变换器（Remote Charge Converter，RCC）串接在 PE 加速度计与信号适调电路之间。图 1.8 给出了 PE 加速度计配接远程电荷变换器和信号适调电路的测量系统框图。远程电荷变换器实际上是与 IEPE 加速度计的内装电荷放大器有同样功能的独立单元，其主要功能是将 PE 传感器输出的高阻抗电荷信号转换成低阻抗电压信号。远程电荷放大器输出的电压信号通过低阻抗电缆或其他类型屏蔽电缆连接到信号适调电路。

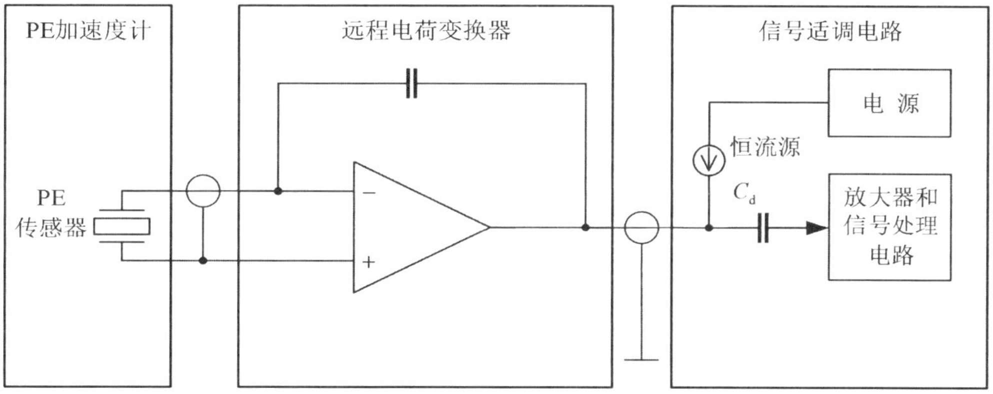

图1.8 PE加速度计配接远程电荷放大器和信号适调电路的测量系统框图

PE加速度计的优点是不需要外接供电电源，且比IEPE加速度计有更高的工作温度。例如，有些压电材料能允许PE加速度计工作在650 ℃[29, 39, 40]，甚至有报道工作温度可高达900 ℃的PE加速度计[41]。从原理上讲，PE加速度计还有动态范围大的特性，但由于需要使用有限动态范围的信号适调仪或远程电荷变换器中的电荷放大器，因此，这个优点也显得没有更多实际意义。IEPE加速度计与PE加速度计的优缺点的比较见表1.1。

表 1.1 IEPE 加速度计与 PE 加速度计的优缺点

IEPE 加速度计		PE 加速度计	
优点	缺点	优点	缺点
低噪声，动态范围宽	需要供电电源	不需要电源	电缆产生静电噪声
使用常规廉价电缆	工作温度较低	工作温度更高	需要使用高成本特制低噪声电缆减轻噪声
对 EMI 不敏感			接插件过多（PE 加速度计＋电缆＋信号适调电路），降低可靠性并增大成本
有工作状态自检功能			对 EMI 更敏感

1.3 IEPE 加速度计性能指标

1.3.1 灵敏度

灵敏度 S（Sensitivity）是输出电压 V_{out} 与输入加速度 a_s 之比：

$$S = \frac{V_{out}}{a_s} \tag{1.1}$$

通常以传感器频率响应范围中间的一个频率作为测量灵敏度 S 的参考频率点，简称 f_R，一般取 f_R=100 Hz，并以 mV/g、V/g 或 mV/（m·s^{-2}）、V/（m·s^{-2}）表示灵敏度的单位（译者注：g 表示重力加速度，振动测量工程中常以之作为振动加速度的单位）。加速度计灵敏度 S 最低一般为 1 mV/g，最高到 10 V/g。大多数 IEPE 加速度计以 10 mV/g 和 100 mV/g 作为灵敏度值。灵敏度 S 取决于 PE 传感器的灵敏度 S_{PE} 和放大器的增益 G_A：

$$S = S_{PE} \cdot G_A \tag{1.2}$$

对于电荷模式 IEPE 加速度计，灵敏度 $S = S_q$，用下式表示：

$$S = S_q = Q_{PE} \cdot G_q \tag{1.3}$$

式（1.3）中，Q_{PE} 代表 PE 传感器的电荷灵敏度，通常使用 pC/g 为单位。$G_A = G_q$ 是电荷放大器的电荷增益，通常用 mV/pC 作为单位。

对于电压模式 IEPE 加速度计，式（1.2）可以写成：

$$S = S_v = V_{PE} \cdot G_v \tag{1.4}$$

在式（1.4）中，S_v 是电压模式 IEPE 加速度计的灵敏度，V_{PE} 是 PE 传感器的电压灵敏度，单位是 mV/g，而 G_v 是电压放大器的增益，单位用 mV/mV 或 V/V 表示。电压灵敏度 V_{PE} 与电荷灵敏度 Q_{PE} 的关系为：

$$V_{PE} = \frac{Q_{PE}}{C_{PE}} \tag{1.5}$$

在上式中，C_{PE} 是 PE 传感器的固有电容。电压灵敏度一般以 mV/g 作为习惯工程单位，因此，式

（1.5）还可以表示为：

$$V_{\mathrm{PE}}(\mathrm{mV/g}) = \frac{Q_{\mathrm{PE}}(\mathrm{pC/g}) \cdot 1000}{C_{\mathrm{PE}}(\mathrm{pF})} \tag{1.6}$$

灵敏度指标通常有规定的允许误差，如±5%或±10%。

1.3.2 测量范围或动态范围

测量范围或动态范围（Range or Dynamic Range），简称 R，是指加速度计输出信号出现失真之前所能测量的最大加速度。R 通常用重力加速度 g 为工程单位。用下式得出测量范围 R：

$$R = \frac{V_{\mathrm{out\,max}}}{S} \tag{1.7}$$

在式（1.7）中，$V_{\mathrm{out\,max}}$ 是 IEPE 加速度计输出信号不失真的最大输出电压幅度。如果输入加速度大于测量范围 R，加速度计中的放大器电路就会进入饱和状态，从而无法测量输入信号。测量范围的下限受传感器本底噪声的限制。

1.3.3 传递函数和频率响应

与其他动态测量加速度计一样，IEPE 加速度计属于具有线性输入-输出关系的线性时不变系统。以复数 $\boldsymbol{s} = \sigma + \mathrm{j}\omega$ 作为自变量，利用 Laplace 变换，这样的系统有 $\sigma = 0$，允许将 Laplace 变换的复变量简化成有实变量 ω 的 Fourier 变换 [42]。因此，对于连续时间输入信号 $a_{\mathrm{in}}(t)$ 和输出信号 $a_{\mathrm{out}}(t)$，相应的 Laplace 变换式为 $A_{\mathrm{in}}(\boldsymbol{s}) = L\{a_{\mathrm{in}}(t)\}$ 和 $A_{\mathrm{out}}(\boldsymbol{s}) = L\{a_{\mathrm{out}}(t)\}$，传递函数 $H(\boldsymbol{s})$ 是输入信号 Laplace 变换对输出信号 Laplace 变换的线性变换：

$$H(\boldsymbol{s}) = \frac{A_{\mathrm{out}}(\boldsymbol{s})}{A_{\mathrm{in}}(\boldsymbol{s})} = \frac{L\{a_{\mathrm{out}}(t)\}}{L\{a_{\mathrm{in}}(t)\}} \tag{1.8}$$

如果输入信号 $a_{\mathrm{in}}(t)$ 明确是一个幅度为 $|A_{\mathrm{in}}|$、角频率 $\omega = 2\pi f$、相位为 P_1 的复谐波信号，即：

$$a_{\mathrm{in}}(t) = |A_{\mathrm{in}}| \mathrm{e}^{\mathrm{j}(\omega + P_1)} \tag{1.9}$$

则相应输出信号 $a_{\mathrm{out}}(t)$ 将等于：

$$a_{\mathrm{out}}(t) = |A_{\mathrm{out}}| \mathrm{e}^{\mathrm{j}(\omega + P_2)} \tag{1.10}$$

输出 $a_{out}(t)$ 与输入 $a_{in}(t)$ 在频域的关系用 $H(j\omega)$ 表示，即频率响应 FR（Frequency Response）有下面的两个表达式：

$$AR(\omega)=\left|H(j\omega)\right|=\frac{\left|A_{out}\right|}{\left|A_{in}\right|},\qquad PR(\omega)=P_2-P_1 \tag{1.11}$$

在式（1.11）中，$AR(\omega)$ 是幅频响应，描述加速度计灵敏度幅值随频率的变化，$PR(\omega)$ 是相位响应，表示相位移动随频率的变化。

图 1.9 给出了电荷模式 IEPE 加速度计的典型幅频响应特性曲线，其所采用的压电元件是 IEPE 加速度计常用的压电陶瓷：锆钛酸铅（PZT）[1-5]。在图中幅频特性曲线表示可用工作频率范围最高是 10 kHz，用相对于参考频率 f_R 幅值随频率变化±5 %、±10%或±1 dB、±3 dB 来规定幅频特性。通常以幅频特性曲线的中间频率作为参考频率 f_R，一般取 f_R=100 Hz。

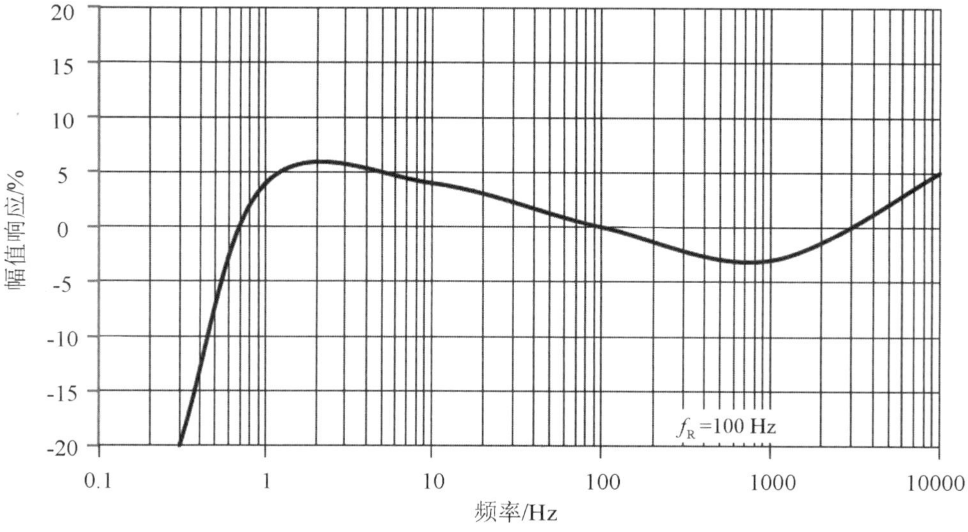

图 1.9　电荷模式 IEPE 加速度计幅频响应特性曲线

从图 1.9 可以看出，在 1 Hz～1 kHz 的频率范围内，幅频特性曲线每 10 倍频程有约 2.5%的下降斜率。实际上，在整个频响范围内这个斜率一直存在，但在低于 1 Hz 和高于 1 kHz 的频带之外不可能见到与之一致的下降斜率，这是因为在频响曲线的高、低两端，这个斜率导致的幅频响应变化趋势被其他因素掩盖了。该下降斜率是 PZT 压电元件的独有特性，是采用压电陶瓷类压电元件电荷模式 IEPE 加速度计幅频特性曲线的特有形态。

采用 PZT 压电元件的电压模式 IEPE 加速度计则有如图 1.10 所示的平坦幅频响应特性曲线。采用石英元件的电荷和电压模式 IEPE 加速度计也有同样的平坦频响曲线。

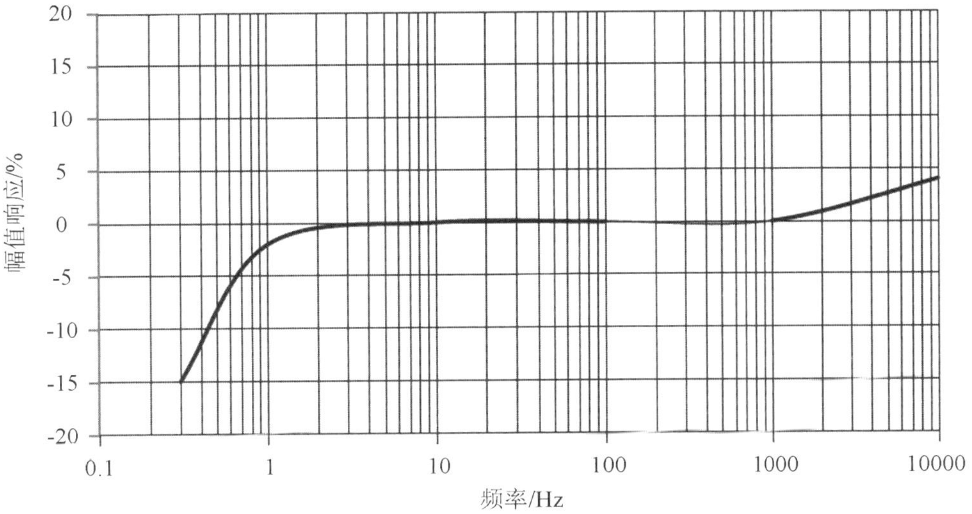

图 1.10　电压模式 IEPE 加速度计的幅频响应特性曲线

图 1.11 是包括谐振频率成分的 IEPE 加速度计幅频响应特性曲线，利用这个完整的频响曲线可以确定传感器安装谐振频率 $f_n = 40$ kHz。

图 1.12 是 IEPE 加速度计典型相频响应特性曲线，用规定的角度值表示相频特性指标，如±5°是指相对于参考频率点 f_R，相位移动随频率变化不大于±5°。

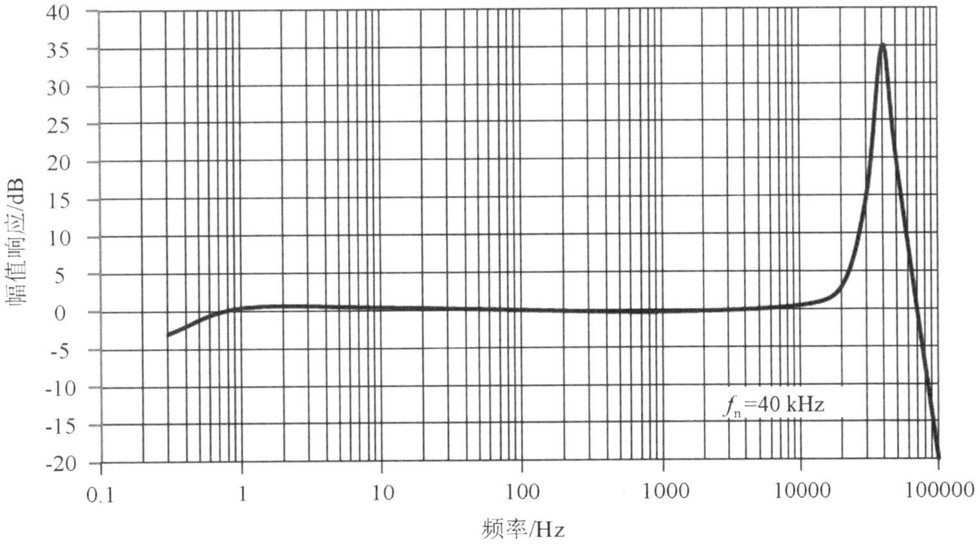

图 1.11　包含谐振频率部分的 IEPE 加速度计幅频响应特性曲线

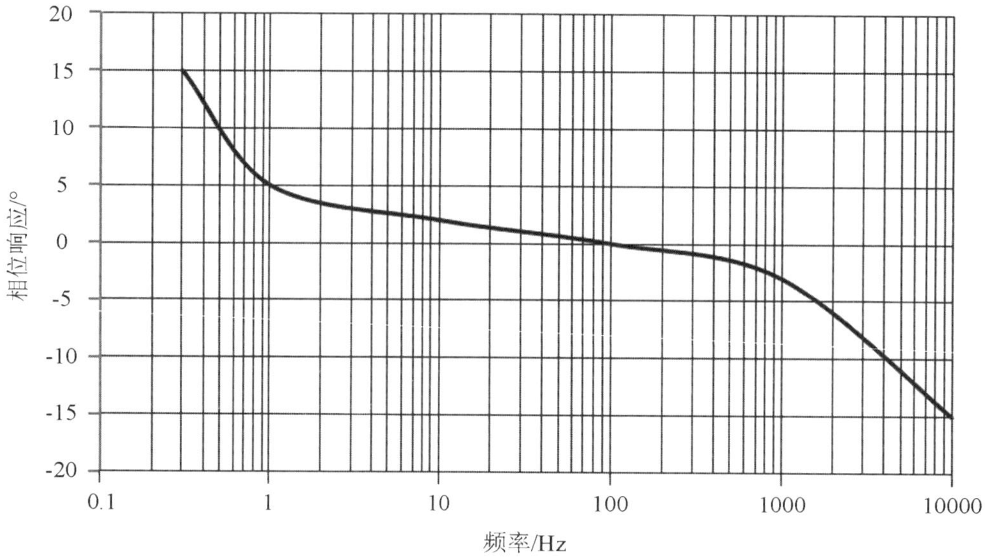

图 1.12　IEPE 加速度计的相频响应特性曲线

可用下式计算电荷模式 IEPE 加速度计幅频响应的低频转折频率 $f_{L\pm3\,dB}$：

$$f_{L\pm3\,dB}=\frac{1}{2\pi R_{in}C_f} \tag{1.12}$$

在式（1.12）中，R_{in} 是电荷放大器的输入电阻，C_f 是反馈电容。如图 1.9 和图 1.10 所示，在低频转折频率幅频响应特性有负的偏差：$f_{L\pm3\,dB}=f_{L-3\,dB}$。

电压模式 IEPE 加速度计低频转折频率 $f_{L\pm3\,dB}$ 等于：

$$f_{L\pm3\,dB}=\frac{1}{2\pi R_{in}(C_{PE}+C_1)} \tag{1.13}$$

在式（1.13）中，R_{in} 是电压放大器的输入电阻，C_{PE} 是 PE 传感器的电容，C_1 是并联在放大器输入端的电容。

幅频特性曲线高频转折频率 $f_{U\pm3\,dB}$ 通常取决于 PE 传感器的谐振频率，因此，经常有正的偏差：$f_{U\pm3\,dB}=f_{U+3\,dB}$。幅频特性曲线高频区域的+3 dB、+10%、+5%偏差大致分别对应频率 $f_n/2$、$f_n/3$、$f_n/5$ [43]。当 IEPE 加速度计输出带长电缆时，约大于 60 m 后，电缆电容 C_L 能对幅频特性产生附加限制 [18]。电容 C_L 对幅频特性的影响与 IEPE 加速度计放大器的供电电流 I_S 有关。在同样的幅频特性，I_S 越大，允许放大器带电容性负载 C_L 的能力越强（电缆长度越长）。新型 IEPE

加速度计在 1 Hz～10 kHz 频率范围内，当 $C_{\mathrm{L}} \leqslant 10$ nF 时，幅频特性偏差±5%。

为了扩展幅频特性曲线在高频段的平坦度，可以利用附加低通滤波器功能的放大器补偿因 PE 传感器谐振形成的幅频特性曲线上翘趋势。这样的低通滤波器将在后面有关章节讨论。

频率响应特性曲线是利用专用标定振动台激励加速度计获得的，用正弦波信号发生器在规定频率范围内扫描，在激振频率范围内，加速度幅度不变，如 1 g 或 5 g。大多数加速度计出厂时在数据表中都附有单独的频响标定曲线。根据加速度计实际安装条件，在低于或高于谐振频率 f_{n} 的频率值上可能出现次谐振峰。

1.3.4 谐振频率

加速度计的谐振频率（Resonant Frequency）f_{n} 是由 PE 传感器机械结构中惯性质量 m 和压电元件的刚度 k 决定的：

$$f_{\mathrm{n}} = \frac{1}{2\pi}\sqrt{\frac{k}{m}} \tag{1.14}$$

惯性质量 m 和压电元件刚度 k 与压电传感器结构和体积有关。例如，剪切模式结构与压缩模式结构相比具有较低的刚度 k 。因此，剪切结构必定有较低的谐振频率 f_{n} 。但另一方面，对同样的输入加速度信号，剪切模式传感器比压缩模式传感器的灵敏度高。所以，剪切模式结构允许采用小质量产生与压缩模式相同的灵敏度。因此，根据式（1.14），如果有相同的体积，两种结构具有大致相同的谐振频率。

在传感器的性能指标中，通常给出典型谐振频率和最低谐振频率两个 f_{n} 值。目前，频响范围到 10 kHz，灵敏度高达 100 mV/g 的新型 IEPE 加速度计，其谐振频率 f_{n} 约为 30～40 kHz [2-5]。相比之下，有更大质量 m 、灵敏度 10 V/g 的 IEPE 地震加速度计，其谐振频率 f_{n} 约为 400 Hz [21]。

1.3.5 温度响应

温度响应 TR（Temperature Response）是指在整个工作温度范围内加速度计灵敏度的偏差 ΔS_{T}，通常用百分数表示：

$$TR = \frac{\Delta S_{\mathrm{T}}}{S_{\mathrm{RT}}} \times 100\,\% \tag{1.15}$$

在式（1.15）中，S_{RT} 是室温环境下的灵敏度数据。传感器的性能指标中通常提供温度响应曲线。IEPE 加速度计温度响应偏差主要有两个来源：放大器增益和 PE 传感器灵敏度随温度的变化。通常，如果采用 PZT 压电元件，后者比前者起着更大的作用。石英元件比 PZT 有更好的温度稳定性。图 1.13 和图 1.14 分别给出典型电荷模式和电压模式 IEPE 加速度计的灵敏度温度响应特性曲线。两种加速度计均采用 PZT 作为压电元件。

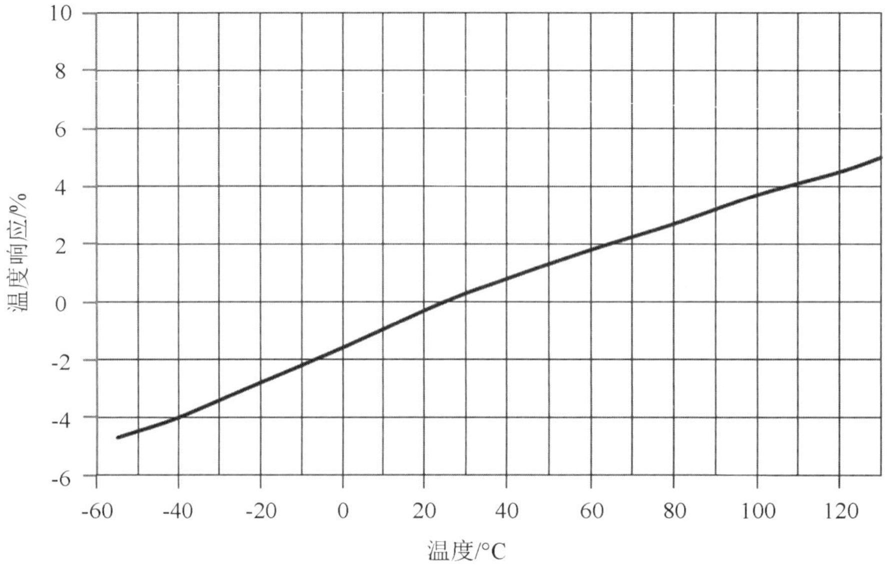

图 1.13　电荷模式 IEPE 加速度计灵敏度温度响应特性曲线

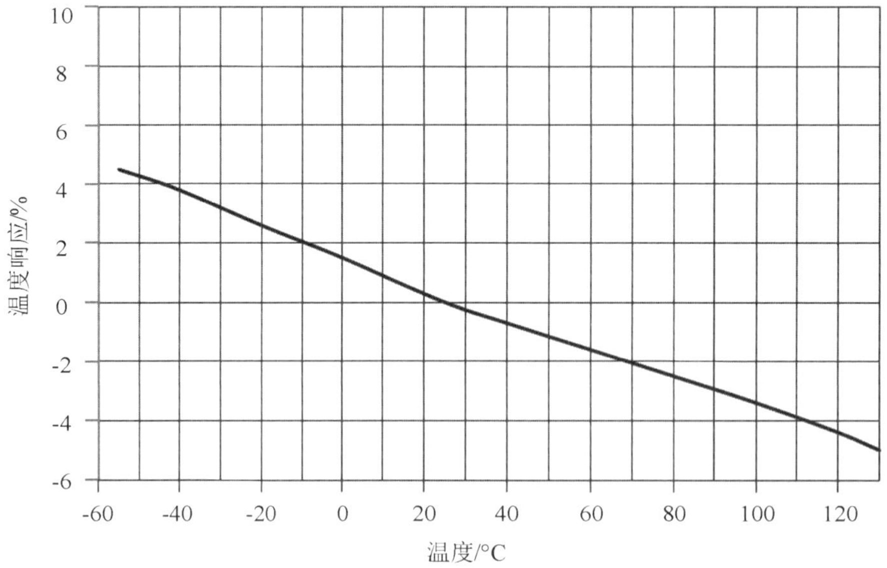

图 1.14　电压模式 IEPE 加速度计灵敏度温度响应特性曲线

采用高品质 PZT 压电元件，灵敏度高达 100 mV/g 的新型 IEPE 加速度计，在−55～+125 °C 的工作温度范围内，灵敏度温度响应 $TR \leqslant 5\%$[1-5]。

1.3.6 横向灵敏度

按照惯例，加速度计测量垂直于其安装表面的法向加速度，并在这个方向规定灵敏度 S 。在实际测试中，可能出现未对准加速度计垂直轴线的情况，从而造成加速度计对正交方向上的加速度有一定的响应。横向灵敏度 TS （Transverse Sensitivity）的定义为：

$$TS = \frac{S_{\text{ST}}}{S} \times 100\% \tag{1.16}$$

在式（1.16）中，S 是敏感轴向灵敏度，S_{ST} 是垂直于敏感轴方向的灵敏度。大多数 IEPE 加速度计横向灵敏度 $TS \leqslant 5\%$。

1.3.7 幅值线性度

幅值线性度 AL （Amplitude Linearity）是表示加速度计在其整个幅值范围内线性程度的性能指标。 AL 用整个幅值范围内的偏差 ΔS_{L} 表示：

$$AL = \frac{\Delta S_{\text{L}}}{S} \times 100\% \tag{1.17}$$

在式（1.17）中，S 是加速度计量程中间点的灵敏度。因为 AL 代表与理想直线的偏差，有时也被称为幅值非线性度。通常是在单一频率下测量 AL ，一般选择频响范围的中间频率，如以 100 Hz 作为参考频率。实际上，AL 在加速度量程的最高幅值和接近加速度计本底噪声的微弱信号这两端较高，多数 IEPE 加速度计的典型幅值线性度 $AL \leqslant 1\%$。

1.3.8 总谐波失真度

传感器的非线性度可能导致信号失真，即在作用信号频率之外出现其他频率的信号输出。因此，这也是一个与幅值线性 AL 相关，作为表征传感器线性度的性能参数。这个指标参数就是总谐波失真度 THD （Total Harmonic Distortion）。总谐波失真度 THD 定义为：

$$THD = \frac{\sqrt{U_2^2 + U_3^2 + \cdots}}{U_1} \times 100\% \tag{1.18}$$

在式（1.18）中，U_1 是输出信号中主频 f_1 的幅值，在该给定主频频率 f_1 分别测量频谱成分为 $f_2 = 2f_1$， $f_3 = 3f_1$，…，即主频 f_1 的二倍频、三倍频……的输出信号幅值 U_2，U_3，…。实际上，$U_2^2 + U_3^2$ 远大于 $U_4^2 + U_5^2 + \cdots$，因此，不用过多测量三倍频之后的谐波幅值。多数 IEPE 加速度计的典型总谐波失真度 $THD \leqslant 1\%$。

1.3.9 直流输出偏置电压

直流输出偏置电压（DC Output Bias Voltage）V_B 在很大程度上取决于 IEPE 传感器中放大器所采用的电路原理和电源电压 V_S。同时，V_B 还会随温度变化。大多数 IEPE 加速度计中放大器电工作电源取自信号适调电路提供的正直流电源 V_S = +22～+30 Vdc，为了实现谐波失真 THD ≤1% 的满量程输出电压 V_{outfs}，必须为直流输出偏置电压 V_B 规定一定的限度。典型 IEPE 加速度计的满量程输出电压 V_{outfs} = ±5 Vpk。基于这个要求，在室温环境直流输出偏置电压 V_B = 10～13 Vdc，而在传感器的整个工作温度范围内 V_B = 8～16 Vdc。

1.3.10 满量程输出电压

满量程输出电压 V_{outfs}（Full Scale Output Voltage）是指加速度计在规定的线性度指标内能提供的最大输出交流电压幅度。由于输出交流电压围绕直流偏置电压振荡，因此对信号地总有正值。V_{outfs} 与直流偏压 V_B 和电源电压 V_S 有关，图 1.15 用图示法说明这三个参数之间的关系。在整个工作温度范围内，IEPE 加速度计的满量程动态输出电压 V_{outfs} = ±5 Vpk（10 Vpk-pk）。

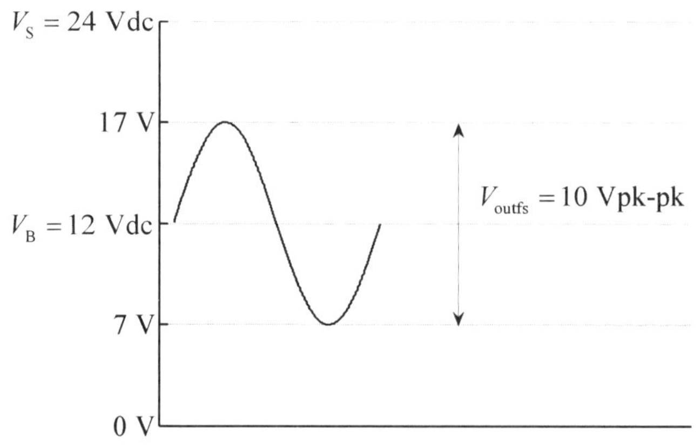

图 1.15　直流输出偏置电压 V_B、满量程输出电压 V_{outfs}、电源电压 V_S 三个参数之间的关系

1.3.11 输出阻抗

IEPE 加速度计的输出阻抗 R_{out}（Output Impedance）很低。如前所述，低输出阻抗是 IEPE 采用常规长电缆传送信号的关键因素，并且低输出阻抗不仅能降低电缆噪声，提供良好的抗电磁干扰（EMI）能力，还能抑制来自空间和接地等其他干扰。典型输出阻抗 R_{out} ≤100 Ω。

测量放大器输出阻抗的原理如图 1.16 所示，通过耦合电容 C_d，可在放大器输出端并联可变负载电阻来测量放大器的输出阻抗 R_{out}。图中，e_s 代表输出信号的源电动势，相当于放大器开路（无负载）输出电压 V_{outoc}。

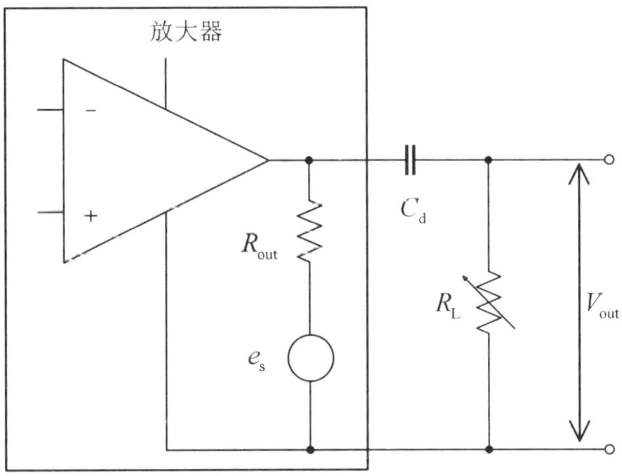

图 1.16　测量放大器输出阻抗的原理示意图

根据图 1.16 的工作原理，可得出输出电压与负载电阻存在下列关系：

$$R_L = \infty \to V_{out} = V_{outoc} = e_s$$
$$R_L = R_{L1} = R_{out} \to V_{outL} = \frac{V_{outoc}}{2} = \frac{e_s}{2} \tag{1.19}$$

改变负载电阻 R_L 的阻值，同时监测输出电压的变化，直到输出电压下降到 $V_{outoc}/2$，这个输出电压值所对应的负载电阻值 $R_L = R_{L1}$，该电阻值即为内装放大器电路的输出电阻 R_{out}。式(1.19)有效的前提条件是耦合电容 C_d 满足下面的关系式：

$$2\pi f R_{L1} C_d \gg 1 \tag{1.20}$$

在式（1.20）中，f 是测量输出阻抗 R_{out} 时输出信号的频率。

1.3.12　本底噪声

IEPE 加速度计的本底噪声（Noise Floor）是指其固有噪声。本底噪声会增加测量系统误差，并限制动态测量范围。IEPE 加速度计有两个主要噪声源：内装放大器电路的噪声和 PE 传感器的噪声。通常放大器电路噪声占主导地位，但在设计低噪声加速度计时还必须考虑 PE 传感器的噪声。在后面章节将展开对 IEPE 加速度计噪声的详细分析。

在加速度计性能指标中，通常用等效输入噪声加速度 a_n 表示本底噪声，分别用宽带噪声和频谱噪声这两个参数描述本底噪声指标。通常在 1 Hz～10 kHz 或 0.1 Hz～10 kHz 的带宽内测量宽带噪声指标，用 μg 或 ng 的有效值（rms）作为单位。频谱噪声用等效输入噪声加速度谱密度表示，单位是 $\mu g/\sqrt{Hz}$ 或 $ng/\sqrt{Hz}$。图 1.17 给出了 IEPE 加速度计频谱噪声 a_n 的示例曲线。

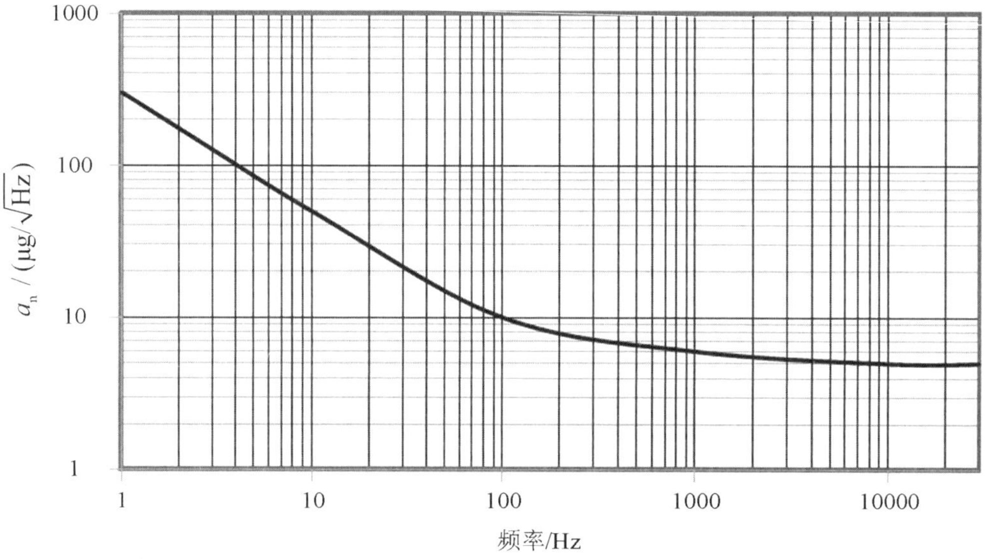

图 1.17　IEPE 加速度计频谱噪声示例曲线

1.3.13　预热时间

预热时间 T_W（Warm-up Time）是指传感器接通电源后达到正常工作状态所需时间间隔。T_W 与 IEPE 传感器内装电路的时间常数 RC 有关。对于如图 1.1 所示的基于 FET-BJT 的电荷放大器，T_W 主要取决于 R_{in} - C_f 电路形成的时间常数，在这里 R_{in} 是电荷放大器的输入电阻，C_f 是反馈电容。当电荷放大器是基于运算放大器的电路时，T_W 与时间常数 $R_{in}C_{PE}$ 有关，在这里，C_{PE} 是 PE 传感器的电容。使用电压放大器时预热时间也取决于 $R_{in}C_{PE}$。根据具体电路设计，T_W 一般小于 10 ms [44]，最长不超过 2 min [45]。

1.3.14　过荷恢复时间

过荷恢复时间 T_{OL}（Overload Recovery Time）指传感器的放大器电路进入饱和后再恢复到正常工作状态的时间间隔，通常 $T_{OL} < 10\ \mu s$ [2-3]。

1.3.15 工作温度范围

大多数IEPE加速度计工作温度范围为−55 ～+（125～130）℃。工作温度范围受内装电子电路的最低和最高工作温度指标限制。目前，已经研发出基于硅电子器件的高温（+163～185 ℃）IEPE加速度计[25, 46-51]。有关高温IEPE加速度计在后面章节有详细论述。

图 1.18 和图 1.19 是目前比较有代表性的 175 ℃ 微型三轴向 IEPE 加速度计[25, 46]。图 1.18 加速度计的特性是：质量为 5 g，立方体部分体积 10×10×10 mm^3，灵敏度 10 mV/g。图 1.19 加速度计的特性是：质量为 14 g，立方体部分体积 14×14×14 mm^3，灵敏度 100 mV/g。

图 1.18 175 ℃, 10 mV/g 微型（立方体体积 10×10×10 mm^3, 5 g）三轴向 IEPE 加速度计

图 1.19 175 ℃, 100 mV/g 微型（立方体体积 14×14 ×14mm^3, 14 g）三轴向 IEPE 加速度计

长时间高温应用可选择 PE 传感器和电子电路互相独立工作的系统配置，用耐高温屏蔽差动电缆将两部分连接在一起。高温 PE 加速度计能在 650 ℃[29, 39, 40]，甚至高达 900 ℃ 的高温环境下工作[41]。这类传感器通常带有一体化矿物绝缘金属化电缆，传感器工作在热区，并连接常规温度环境内（$T\leqslant 125$ °C）的远程信号适调模块 [29]。由于 PE 传感器处于高阻抗区，因此要求使用低噪声屏蔽电缆和接插件。如上所述，与 IEPE 加速度计相比，高阻抗区的存在会增大噪声，降低动态范围，降低可靠性，增加成本，并且影响信号质量。

另一个可选技术方案是采用绝缘体上硅 SOI（Silicon-on-Insulator）或碳化硅 SiC（Silicon Carbide）技术设计 IEPE 加速度计电路 [52-53]。这项技术允许内装电路工作在 200～300 °C 的温度环境。这样的传感器通常价格非常高，性能指标也有一定的局限性，且体积较大。

还有一类工作温度最低至−196 °C 的低温 IEPE 加速度计 [54]，这类传感器多专为液氮环境应用而设计。

1.3.16 正弦振动极限

正弦振动极限 *SVL*（Sinusoidal Vibration Limit）是指加速度计损坏前所能承受的最大作用正弦加速度。对大多数 IEPE 传感器来讲，这个极限值取决于内装电子电路能承受的 PE 传感器最大输出正弦电压。大多数传感器的正弦振动极限 *SVL* 典型值不低于 10^3 g pk [2-5]。

1.3.17 冲击极限

冲击极限 *SL*（Shock Limit）指加速度计不损坏所能承受的最大瞬态加速度信号。在通常应用中，*SL* 与作用在放大器输入级的最大瞬态电压有关。大多数 IEPE 加速度计的冲击极限 *SL* 典型值在 5×10^3～10^4 g pk [2-5]。

1.3.18 基座应变灵敏度

基座应变灵敏度 *BS*（Base Strain Sensitivity）表示加速度计对基座弯曲的敏感程度。基座形变可通过传感器结构传递到 PE 晶体元件。在给加速度计基座预加 250 με的应变量时，以每με变化所代表的等效加速度来表示 *BS* [55]。预加 250 με的应变量是 ISA（Instrument Society of America）提出的行业通用基准值 [55]。基座应变灵敏度与传感器结构有关。从结构上讲，剪切模式比压缩模式传感器有更优异的基座应变灵敏度指标。

1.3.19 体积和质量

加速度计的体积和质量在加速度测量中起着重要作用，对于在体积较小且质量较轻结构上的测试，对加速度计的体积和质量有更严格的要求。当加速度计安装在测试结构上后，测试结构的特性会受到传感器质量的影响，传感器质量效应会导致出现加速度测量误差。当加速度计质量远小于测试结构质量时，这个质量效应可以忽略。在实际应用中，如果传感器质量达到测试结构的10%，就会出现比较明显的质量效应影响 [56]。因此，设计者一直在努力研制体积尽可能小和质量更轻的 IEPE 传感器。

图 1.20 和图 1.21 给出两个超微型加速度计实物照片，分别是质量 0.4 g 的单轴向 IEPE 加速度计 [57]；质量 0.55 g 的三轴向 IEPE 加速度计[27]。图 1.21 所示加速度计可能是迄今为止体积最小、质量最轻的三轴向 IEPE 加速度计。

图 1.20 超微型单轴向 **IEPE** 轻型（**0.4 g**）加速度计

图 1.21 超微型三轴向轻型（**0.55 g**）**IEPE** 加速度计

1.4 IEPE 加速度计的类型

1.4.1 电荷模式 IEPE 加速度计

在大多数振动测量应用中普遍使用电荷模式（Charge Mode）IEPE 加速度计。因为与电压模式（Voltage Mode）IEPE 加速度计相比，该类型传感器有更多技术优势。这些技术优势包括宽动态范围、高灵敏度、低噪声，并且灵敏度与 PE 传感器电容无关，可以灵活设计高灵敏度微型 IEPE 传感器。

传感器内装电路采用电荷放大器是实现这些技术优势的根本原因所在。电荷放大器，也常被称为电荷变换器，更适合作为 PE 传感器这类信号源的信号适调电路。因为 PE 传感器的可用频率范围低于其固有谐振频率，所以在可用工作频率范围内，PE 传感器实质上是一个电容性信号源。与电压放大器不同，电荷放大器能提供更大的增益，有更简单的原理设计方案，而这些恰恰是小型化设计必须考虑的因素。如下所述，PE 传感器配接电荷放大器所组成系统的电荷增益与 PE 传感器固有电容无关。因此，PE 传感器固有电容的任何变化都不会影响 IEPE 加速度计的总灵敏度。

1.4.1.1 基于 FET-BJT 电荷放大器的电荷模式 IEPE 加速度计

电荷放大器电路可以有多种原理设计方案。经典的电荷放大器电路实质上是带负反馈电容的运算放大器。大多数电荷模式 IEPE 加速度计采用直接耦合 FET-BJT 放大电路构成电荷放大器。

图 1.22 给出基于 FET-BJT 电荷放大器的电荷模式 IEPE 加速度计工作原理图。高输入阻抗的 FET 输入级用以匹配 PE 传感器的输出阻抗，BJT 输出级为电荷放大器提供低输出阻抗。就电荷放大而言，这个直接耦合 FET-BJT 电荷放大器类似于基于运算放大器的电荷放大器。但是，与后者相比，FET-BJT 放大器能提供更高的工作温度、低噪声、更宽的动态范围，且占用的空间更小。此外，采用图示的系统配置，仅用双导线（输出和电路地）和双芯接插件即可实现 IEPE 加速度计与信号适调电路的互连，双导线同时传输电源和输出信号。

在图 1.22 中，电荷放大器电路的第一级可基于两个类型 FET，既可以是 n 沟道 JFET，也可以是 n 沟道 MOSFET。输出级则基于 PNP 型双极型晶体管。有些设计中，在输入与输出间还可能有附加的功能电路。电容 C_f 形成对应放大器电荷模式的交流负反馈。

偏置电阻 R_b 包含在由 R_2 、 R_3 组成的阻性直流负反馈电路中，为 FET 提供直流偏置电压和相应的放大器输出端偏置电压 V_B 。V_B 与 FET 的漏极饱和电流 I_{DSS} ，以及栅-源夹断电压 $V_{GS(off)}$ 有关，即使是同样型号的 FET，这两个参数也有很大离散性。为了使 V_B 电压处于放大器正常工作范围之内，改变电阻 R_2 、 R_3 中任一只电阻或同时改变两只电阻的阻值，可调节 FET 输入端的偏置电位和与之相应的放大器输出偏置电压。

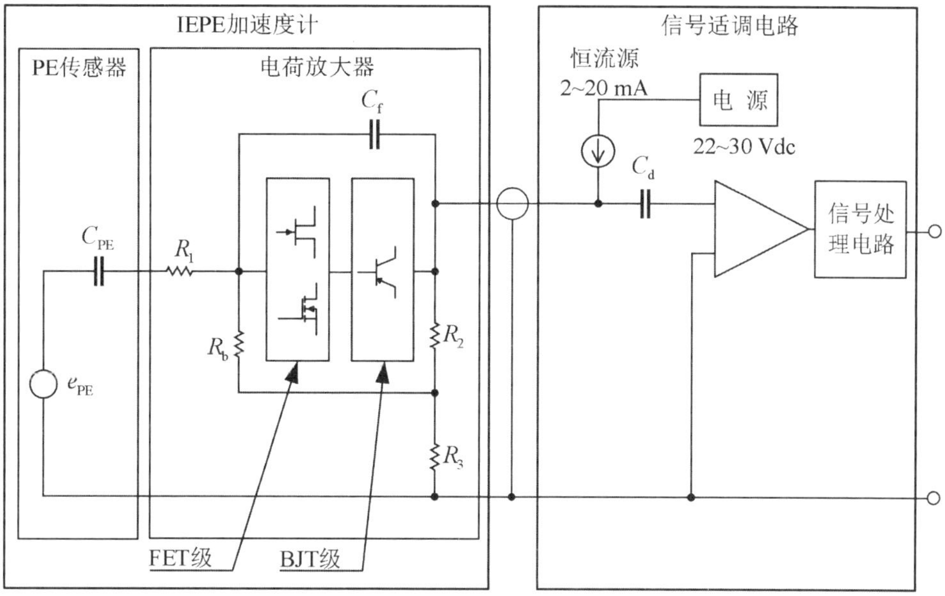

图 1.22 基于 FET-BJT 电荷放大器的电荷模式 IEPE 加速度计工作原理图

PE 传感器等效成电动势 e_{PE} 的信号源与 C_{PE} 串联的简化电路，e_{PE} 相当于 PE 传感器的开路输出电压，C_{PE} 代表 PE 传感器电容。根据电路原理，

$$e_{PE} = a_s V_{PE} = \frac{Q_{PE}}{C_{PE}} \tag{1.21}$$

在式（1.21）中，a_s 是输入加速度，V_{PE} 是 PE 传感器的电压灵敏度，Q_{PE} 是 PE 传感器的电荷灵敏度。在 PE 传感器输出端和放大器输入端的电荷：

$$q_{PE} = e_{PE} C_{PE} \tag{1.22}$$

介于 PE 传感器和 FET 栅极之间的电阻 R_1 可以省略。当需要扩展频响特性曲线高端的平坦范围时，通常在电路中增加这个电阻。此时电阻 R_1 和 PE 传感器的电容 C_{PE} 形成单极点低通滤波器。滤波器可在一定程度上抑制 PE 传感器的谐振。滤波器的转折频率为：

$$f_{LPF} = \frac{1}{2\pi R_1 C_{PE}} \tag{1.23}$$

该滤波器通常用在 PE 传感器谐振频率相对接近 IEPE 传感器工作频带高端的情形。当 PE 传感器的谐振频率与传感器频带相距很远时，可以省略电阻 R_1。还有一点需要说明，在放大器输入端串联电阻 R_1 会增加热噪声电压。在低噪声设计中为了消除或减轻这个噪声源的影响，往往不使用这个电阻，或选用尽可能小的电阻值，以使其噪声影响达到可以忽略不计的程度。

IEPE 传感器可以远离信号适调电路，使用常规同轴电缆将两者连接在一起。信号适调电路为内装电荷放大器电路提供工作电源，并附加有信号放大和信号处理功能。通常典型工作电源电压 V_S=+22～+30 Vdc，恒流源电流 I_S = 2～20 mA。在产品数据表中用 24 Vdc 和 4 mA 作为直流电源电压和恒流源电流的典型值，且数据表中给出的性能指标数据均以此作为测量条件。供电电流是恒流源（例如，恒流二极管）提供的恒定电流。对低噪声设计，采用可充电电池作为直流电压源。C_d 是输出耦合电容，可消除放大器电路输出直流偏置电压对信号适调电路输入级的影响。

为了保证测量系统具有平坦的频响特性，并忽略 R_{inSCC}（R_{inSCC} 是信号适调电路第一级放大器的输入电阻）在传感器工作频带内的热噪声，电路 $R_{inSCC} - C_d$ 建立的时间常数必须足够高，从理论上讲要求：

$$R_{inSCC}C_d \gg \frac{1}{2\pi f} \tag{1.24}$$

在实际应用中，只要满足下式即可认为满足常规测量要求：

$$R_{inSCC}C_d \approx \frac{10}{2\pi f_{L\text{-}3\,dB}} \tag{1.25}$$

在这里，$f_{L\text{-}3\,dB}$ 是 IEPE 加速度计幅频响应特性−3 dB 下限转折频率。

1.4.1.2 基于集成运算放大器的电荷模式 IEPE 加速度计

图 1.23 给出了采用单电源供电、基于集成运算放大器的电荷模式 IEPE 加速度计配置。在这类设计中，传感器输出与信号适调电路之间的连接需要用三根导线和三芯接插件，分别是信号输出线、为运放供电的正电压电源线和电路地线。

若用双电源（±）集成运算放大器，在传感器和信号适调电路之间需要四根导线和四芯接插件。基于集成运算放大器的电荷放大器也可以设计成两线制，但电路原理要复杂得多，且需要使用比 FET-BJT 电路结构更多的元器件。但是，基于集成运算放大器的电荷放大器也有其自身长处，因而也一直被用于特殊 IEPE 加速度计的设计。其主要优点包括：低功耗（比如 300 μW）、低预热时间（比如 10 ms）[44]。表 1.2 给出了 FET-BJT 电荷放大器和集成运算放大器电荷放大器设计电荷模式 IEPE 加速度计的优缺点。

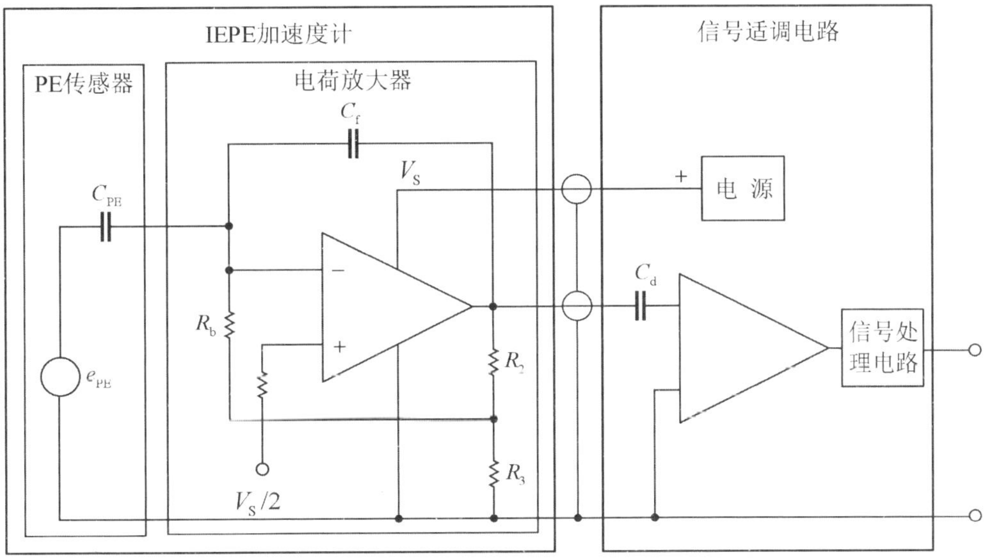

图 1.23　基于集成运算放大器的电荷模式 IEPE 加速度计的配置

表 1.2　采用 FET-BJT 电荷放大器和集成运算放大器电荷放大器设计 IEPE 加速度计的优缺点

FET-BJT 电荷放大器		集成运算放大器电荷放大器	
优点	缺点	优点	缺点
低噪声，宽动态	通常需要更大的功耗，约 100 mW	可选用低功耗工作，例如 300 μW	噪声较高，动态偏低
高工作温度	预热时间较长，例如 3 s	可选短预热时间，例如 10 ms	较低的工作温度
原理简单，占用空间较小			原理较复杂，占用空间较大
允许两线制输出			需三或四芯输出插座

1.4.1.3　电荷模式 IEPE 加速度计传递函数、频率响应、灵敏度

用复变元 $\boldsymbol{s}=\mathrm{j}\omega$ 的 Laplace 变换，可以得出图 1.22 所示电路的传递函数 $H(\boldsymbol{s})$：

$$H(\boldsymbol{s})=\frac{V_{\text{out}}(\mathrm{j}\omega)}{e_{\text{PE}}(\mathrm{j}\omega)}=\frac{R_{\text{in}}\parallel\dfrac{1}{\mathrm{j}\omega C_{\text{f}}}}{R_1+\dfrac{1}{\mathrm{j}\omega C_{\text{PE}}}}=\frac{\mathrm{j}\omega\tau_{\text{PE}}}{1-\omega^2\tau_{\text{f}}\tau_1+\mathrm{j}\omega(\tau_{\text{f}}+\tau_1)},$$

$$R_{\text{in}}=\left(R_{\text{b}}\cdot\frac{R_2+R_3}{R_3}\right),\quad \tau_{\text{PE}}=R_{\text{in}}\cdot C_{\text{PE}}=\left(R_{\text{b}}\cdot\frac{R_2+R_3}{R_3}\right)\cdot C_{\text{PE}},\tag{1.26}$$

$$\tau_1=R_1\cdot C_{\text{PE}},\quad \tau_{\text{f}}=R_{\text{in}}\cdot C_{\text{f}}=\left(R_{\text{b}}\cdot\frac{R_2+R_3}{R_3}\right)\cdot C_{\text{f}}$$

在式（1.26）中，R_{in} 是放大器的输入电阻，τ_{PE}、τ_f、τ_1 分别是电路 $R_{in}C_{PE}$、反馈电路 $R_{in}C_f$ 和电路 R_1C_{PE} 定义的时间常数。由式中可以得出频响特性的幅频响应 AR 和相频响应 PR 两个表达式：

$$AR = \left|H(\mathbf{s})\right| = \frac{V_{out}(j\omega)}{e_{PE}(j\omega)} = \frac{\omega\tau_{PE}}{\sqrt{\left(1-\omega^2\tau_f\tau_1\right)^2 + \left[\omega\left(\tau_f+\tau_1\right)\right]^2}} \tag{1.27}$$

$$PR = \arctan\left[\frac{1-\omega^2\tau_f\tau_1}{\omega(\tau_f+\tau_1)}\right] \tag{1.28}$$

实际上有：

$$\tau_f \gg \tau_1 \tag{1.29}$$

因此，式（1.27）和（1.28）可以简化为：

$$AR = \frac{\omega\tau_{PE}}{\sqrt{(1-\omega^2\tau_f\tau_1)^2 + (\omega\tau_f)^2}},\quad PR = \arctan\left(\frac{1-\omega^2\tau_f\tau_1}{\omega\tau_f}\right) \tag{1.30}$$

在传感器的工作频带内，有：

$$\frac{1}{\tau_f} \ll \omega \ll \frac{1}{\tau_1} \tag{1.31}$$

则式（1.30）所表示的频率响应函数 AR 可以转变成电压增益 G_v 的表达式：

$$AR = G_v = \frac{V_{out}}{e_{PE}} = \frac{C_{PE}}{C_f} \tag{1.32}$$

电压增益 G_v 的单位是 mV/mV 或 V/V，通常用于电路性能测试和噪声分析。

由式（1.22）和（1.32）可以得出电荷增益 G_q：

$$G_q = \frac{V_{out}}{q_{PE}} = \frac{V_{out}}{e_{PE}C_{PE}} = \frac{G_v}{C_{PE}} = \frac{1}{C_f} \tag{1.33}$$

最后，利用式（1.33）可推导出电荷模式 IEPE 加速度计灵敏度 S_q 的表达式：

$$S_q = Q_{PE} \cdot G_q = Q_{PE} \cdot \frac{1}{C_f} \tag{1.34}$$

电荷增益 G_q 的单位是 mV/pC，通常在规定的参考频率 f_R =100 Hz 检定。

从式（1.34）可以看出，电荷模式 IEPE 加速度计的灵敏度 S_q 取决于 PE 传感器的电荷灵敏度 Q_{PE} 和电荷放大器的反馈电容 C_f，而与 PE 传感器电容 C_{PE} 无关。这一点也就是上述电荷模式 IEPE 加速度计的主要优点之一。

电荷放大器反馈电路的时间常数 τ_f 决定幅频响应的低频下限−3 dB 转折频率 $f_{L-3\,dB}$：

$$f_{L-3\,dB} = \frac{1}{2\pi\tau_f} = \frac{1}{2\pi\left(R_b \cdot \dfrac{R_2 + R_3}{R_3}\right) \cdot C_f} \tag{1.35}$$

幅频响应高频−3 dB 转折频率 $f_{U-3\,dB}$ 取决于时间常数 τ_1：

$$f_{U-3\,dB} = \frac{1}{2\pi\tau_1} = \frac{1}{2\pi R_1 C_{PE}} \tag{1.36}$$

前面已经提到，高频转折频率的下降特性可在一定程度上抑制 PE 传感器的谐振峰。

在此有必要说明，在传感器的工作频带内，电荷放大器对输入信号有 180°的反向相移。因此，为了保持加速度计的正输出特性（以安装面朝向加速度基座为正向），必须以产生附加 180°相移的方式组装 PE 传感器的压电元件。

1.4.1.4 设计举例

假设 PE 传感器和电荷放大器电路参数如下：$Q_{PE} = 1\ \text{pC/g}$，$C_{PE} = 100\ \text{pF}$，$C_f = 10\ \text{pF}$，$R_b = 2\ \text{G}\Omega$，$R_1 = 10\ \text{k}\Omega$，$R_2 = 600\ \text{k}\Omega$，$R_3 = 20\ \text{k}\Omega$。试计算电荷模式 IEPE 加速度计的灵敏度 S_q、低频下限转折频率 $f_{L-3\,dB}$ 和高频上限转折频率 $f_{U-3\,dB}$。

根据式（1.34）、（1.35）和（1.36）可以得出：

$S_q = 100\ \text{mV/g}$，$f_{L-3\,dB} \approx 0.26\ \text{Hz}$，$f_{U-3\,dB} \approx 160\ \text{kHz}$。

对应−5%和−10%的低频转折频率分别为：

$f_{L-5\%} \approx f_{L-3\,dB} \cdot 4 \approx 1\ \text{Hz}$，$f_{L-10\%} \approx f_{L-3\,dB} \cdot 2 \approx 0.5\ \text{Hz}$。

对应−5%和−10%的高频上限转折频率分别为：

$f_{U-5\%} \approx f_{U-3dB}/4 \approx 40\,\text{kHz}$， $f_{U-10\%} \approx f_{U-3dB}/2 \approx 80\,\text{kHz}$。

在这里高频上限转折频率仅表示由 R_1C_{PE} 构成的低通滤波器所确定的滤波参数。实际上，电荷模式 IEPE 加速度计的高频上限频率是该滤波器频响特性与 PE 传感器谐振特性相结合的结果。

通常，每只传感器的标定证书中均附有实测幅频特性曲线。上文图 1.9 是采用 PZT 元件电荷模式 IEPE 加速度计幅频特性曲线的一个实例。从图中可以看出，该曲线显示出每 10 倍频有约 2.5%的下降斜率。这是典型电荷模式 IEPE 加速度计幅频特性曲线的特征。前面已经提到这个问题，该斜率主要来自压电元件 PZT。目前，新型 IEPE 加速度计的幅频特性曲线更平坦，在 1 Hz～10 kHz 的频带内，相对参考频率 $f_R = 100$ Hz 幅值偏差≤±5%。

上文图 1.12 是 IEPE 加速度计相频特性曲线的一个实例。在 1 Hz～1 kHz 的频率范围内，相对参考频率 f_R，相位随频率移动的典型数值不超过±5°。图 1.24 和 1.25 给出两只通用型电荷模式 IEPE 加速度计的实物照片。图 1.24 是单轴向灵敏度 500 mV/g 轻型（质量 10.5 g）IEPE 加速度计照片 [58]。图 1.25 是三轴向灵敏度 10 mV/g（或 100 mV/g）微型 IEPE 加速度计照片（立方体部分体积 10 ×10×10 mm^3，质量 5 g）[59]。

图 1.24　单轴向 500 mV/g 轻型（10.5 g）电荷模式 IEPE 加速度计

图 1.25　三轴向 10 mV/g（或 100 mV/g）微型（10×10×10 mm^3，5 g）电荷模式 IEPE 加速度计

1.4.2 电压模式 IEPE 加速度计

图 1.26 给出基于 FET-BJT 电压放大器的电压模式（Voltage Mode）IEPE 加速度计配置。在实际应用中，电压放大器通常采用电压增益 $G_{SF} \leqslant 1$（更确切地讲是没有增益的单位比例传输）的源极跟随器电路。实际上，基于直接耦合 FET-BJT 电路不可能具备电压放大能力。电阻 R_1 和电容 C_1 组成跟随器的输入电路，R_1C_1 构成低通滤波器，可用于补偿 PE 传感器谐振导致的传感器幅频响应特性在高频端的上翘。根据式（1.4），改变电容 C_1 可调整电压放大器电路的增益 G_v，也就是以此来调整电压模式 IEPE 加速度计的最终灵敏度 S_v。

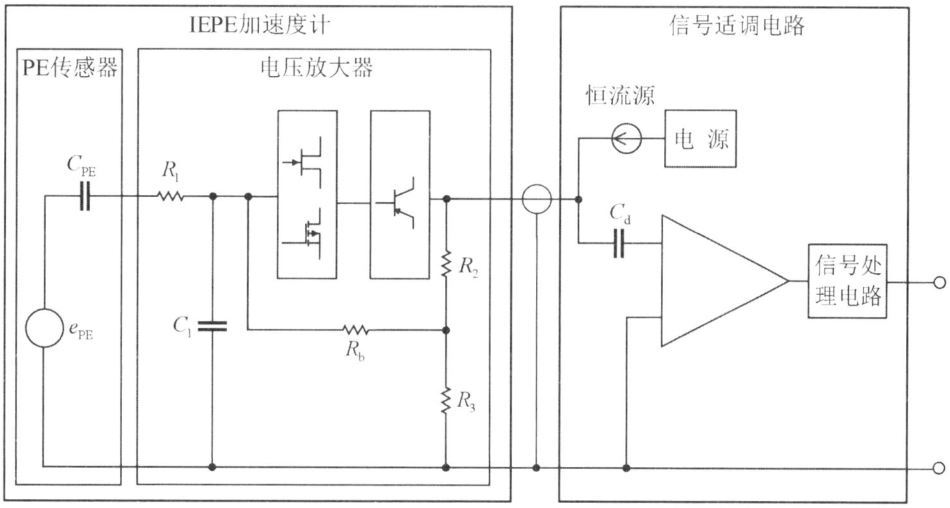

图 1.26 基于 FET-BJT 电压放大器的电压模式 IEPE 加速度计配置

1.4.2.1 电压模式 IEPE 加速度计的传递函数、频率响应和灵敏度

根据图 1.26，可以得出电压放大器传递函数 $H(\mathrm{j}\omega)$ 的表达式：

$$H(\mathrm{j}\omega) = G_v \cdot \frac{1}{1 + \mathrm{j}\omega R_1 \dfrac{C_1 C_{PE}}{C_1 + C_{PE}} + \dfrac{1}{\mathrm{j}\omega R_{in}(C_1 + C_{PE})}} \tag{1.37}$$

$$G_v = \frac{G_{SF}}{1 + \dfrac{C_1}{C_{PE}}}, \quad R_{in} = R_b \cdot \frac{R_2 + R_3}{R_3} \tag{1.38}$$

在式（1.37）和（1.38）中，G_{SF} 和 R_{in} 分别代表 FET-BJT 源极跟随器的增益和输入电阻。根据式（1.37），可以用幅值响应 AR 和相位响应 PR 确定电路的频率响应特性。为此，对式（1.37）在两个感兴趣的频率区域进行简化，即在远低于高频上限转折频率 $\omega_{U-3\,dB}$ 的频率范围：

$$\omega \ll \omega_{U-3\,dB} = \frac{1}{R_1 \dfrac{C_1 C_{PE}}{C_1 + C_{PE}}} \tag{1.39}$$

和远高于低频转折频率 $\omega_{L-3\,dB}$ 的频率范围：

$$\omega \gg \omega_{L-3\,dB} = \frac{1}{R_{in}(C_1 + C_{PE})} \tag{1.40}$$

在低于高频上限转折频率的频率范围，传递函数 $H(j\omega)$ 和与之相应的幅频响应 AR 和相频响应 PR 的表达式为：

$$H(j\omega) = G_v \cdot \frac{1}{1 + \dfrac{1}{j\omega R_{in}(C_1 + C_{PE})}} = G_v \cdot \frac{j\omega R_{in}(C_1 + C_{PE})}{1 + j\omega R_{in}(C_1 + C_{PE})} \tag{1.41}$$

$$AR = |H(j\omega)| = G_v \cdot \frac{\omega R_{in}(C_1 + C_{PE})}{\sqrt{1 + [\omega R_{in}(C_1 + C_{PE})]^2}} = G_v \cdot \frac{1}{\sqrt{1 + \dfrac{1}{[\omega R_{in}(C_1 + C_{PE})]^2}}} \tag{1.42}$$

$$PR = \arctan\left[\frac{1}{\omega R_{in}(C_1 + C_{PE})}\right] \tag{1.43}$$

根据式（1.42），可得到幅频响应 AR 的−3 dB 低频下限转折频率 $f_{L-3\,dB}$：

$$f_{L-3\,dB} = \frac{1}{2\pi R_{in}(C_1 + C_{PE})} \tag{1.44}$$

在高于式（1.40）定义的低频下限转折频率的频率范围，$H(j\omega)$ 和相应幅频响应 AR 和相频响应 PR 变成：

$$H(\mathrm{j}\omega)=G_{\mathrm{v}}\cdot\frac{1}{1+\mathrm{j}\omega R_{1}\left(\dfrac{C_{1}C_{\mathrm{PE}}}{C_{1}+C_{\mathrm{PE}}}\right)} \tag{1.45}$$

$$AR=\left|H(\mathrm{j}\omega)\right|=G_{\mathrm{v}}\cdot\frac{1}{\sqrt{1+\left(\omega R_{1}\dfrac{C_{1}C_{\mathrm{PE}}}{C_{1}+C_{\mathrm{PE}}}\right)^{2}}} \tag{1.46}$$

$$PR=\arctan\left(\omega R_{1}\frac{C_{1}C_{\mathrm{PE}}}{C_{1}+C_{\mathrm{PE}}}\right) \tag{1.47}$$

由式（1.46）得到幅频响应特性的−3 dB 高频上限转折频率 $f_{\mathrm{U-3\,dB}}$：

$$f_{\mathrm{U-3\,dB}}=\frac{1}{2\pi R_{1}\dfrac{C_{1}C_{\mathrm{PE}}}{C_{1}+C_{\mathrm{PE}}}} \tag{1.48}$$

在传感器的工作频带范围内，即：

$$\frac{1}{R_{\mathrm{in}}(C_{1}+C_{\mathrm{PE}})}\ll\omega\ll\frac{1}{R_{1}\dfrac{C_{1}C_{\mathrm{PE}}}{C_{1}+C_{\mathrm{PE}}}} \tag{1.49}$$

可将幅频响应 AR 变成电压放大器增益 G_{v} 的表达式：

$$\left|H(\mathrm{j}\omega)\right|=AR=G_{\mathrm{v}}=\frac{G_{\mathrm{SF}}}{1+\dfrac{C_{1}}{C_{\mathrm{PE}}}} \tag{1.50}$$

根据式（1.50）和式（1.4），得到电压模式 IEPE 加速度计的最终灵敏度 S_{v}：

$$S_{\mathrm{v}}=V_{\mathrm{PE}}G_{\mathrm{v}}=\frac{Q_{\mathrm{PE}}}{C_{\mathrm{PE}}}\cdot\frac{G_{\mathrm{SF}}}{1+\dfrac{C_{1}}{C_{\mathrm{PE}}}} \tag{1.51}$$

在此要特别指出，与电荷放大器不同，在传感器工作频带内电压放大器信号的相位移动为零。因此，为了沿传感器主轴有正加速度输出，电压模式 IEPE 传感器压电元件的极性必须与电荷模式 IEPE 传感器相反。

与电荷模式 IEPE 加速度计一样，电压模式 IEPE 加速度计也可以使用集成运算放大器设计内装电压放大器。当使用集成运算放大器时，传感器的幅频响应 AR 和相频响应 PR，以及高低转折频率的表达式与上述推导出的结论一样。唯一需要提示的是用集成运算放大器的增益 G_{OpAmp} 代替跟随器增益 G_{SF}。在使用集成运算放大器时，增益可以大于 1，即 $G_{OpAmp}>1$。无论是选择 FET-BJT 电路还是集成运算放大器电路作为电压模式 IEPE 加速度计的内装电压放大器，电压模式 IEPE 加速度计具有与表 1.2 所列出的电荷模式 IEPE 加速度计同样的优缺点。

图 1.27 和图 1.28 是两个三轴向电压模式 IEPE 加速度计的实物照片 [25, 27]。

表 1.3 给出了电荷模式和电压模式 IEPE 加速度计优缺点。

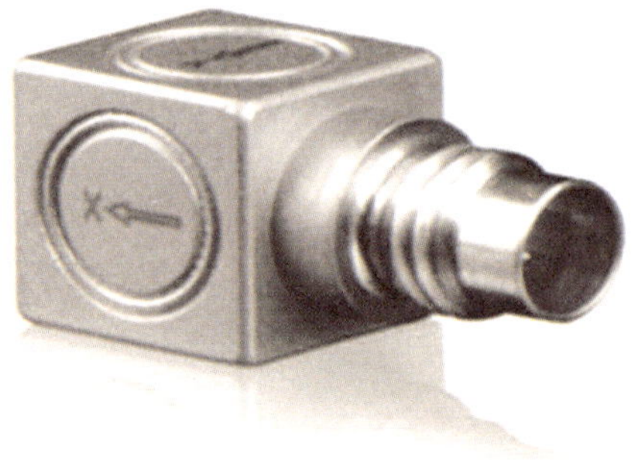

图 1.27　175 ˚C 10 mV/g 微型（立方体体积 10×10×10 mm³，5 g）三轴向电压模式 IEPE 加速度计

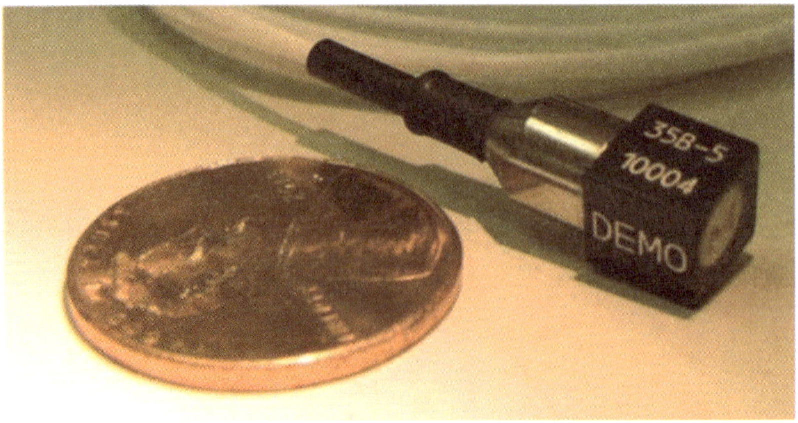

图 1.28　超微型（立方体体积 6×6×6 mm³，0.55 g）三轴向电压模式 IEPE 加速度计

表 1.3 电荷模式与电压模式 IEPE 加速度计的优缺点

电荷模式 IEPE 加速度计		电压模式 IEPE 加速度计	
优点	缺点	优点	缺点
选择 FET-BJT 能更灵活地设计传感器灵敏度	PZT 元件传感器频响曲线每 10 倍频程有 2.5%的下降斜率	工作频带内有平坦的频响曲线	采用 FET-BJT 电压增益≤1 的源极跟随器，只能降低灵敏度值
简单电路可实现高灵敏度			获得高灵敏度需复杂电路
微型传感器可有高灵敏度			高灵敏度需要大体积
传感器灵敏度与 PE 传感器电容大小无关			传感器灵敏度与 PE 传感器电容有关
FET-BJT 电路改变反馈电容可在很大范围内调整灵敏度			FET-BJT 跟随器改变输入电容只能在很小的范围内调整灵敏度
本底噪声低			本底噪声高

1.4.2.2 设计举例

假设电压模式 IEPE 加速度计有下列参数：$Q_{PE} = 1.2\ \text{pC/g}$，$C_{PE} = 100\ \text{pF}$，$G_{SF} = 0.95$，$C_1 = 10\ \text{pF}$，$R_b = 500\ \text{M}\Omega$，$R_1 = 100\ \text{k}\Omega$，$R_2 = 100\ \text{k}\Omega$，$R_3 = 25\ \text{k}\Omega$。试计算该传感器的灵敏度 S_v，低频下限转折频率 $f_{L-3\,dB}$ 和高频上限转折频率 $f_{U-3\,dB}$。

根据式（1.46）、（1.39）和（1.43），通过计算得到：

$S_v = 10.4\ \text{mV/g}$，$f_{L-3\,dB} \approx 0.58\ \text{Hz}$，$f_{U-3\,dB} \approx 175\ \text{kHz}$。

相应−5% 和−10%的低频转折频率分别为：

$f_{L-5\%} \approx f_{L-3\,dB} \cdot 4 \approx 2.3\ \text{Hz}$，$f_{L-10\%} \approx f_{L-3\,dB} \cdot 2 \approx 1.2\ \text{Hz}$。

相应−5%和−10%的高频转折频率分别为：

$f_{U-5\%} \approx f_{U-3\,dB}/4 \approx 44\ \text{kHz}$，$f_{U-10\%} \approx f_{U-3\,dB}/2 \approx 88\ \text{kHz}$。

注意，在这里高频上限转折频率是仅考虑 $R_1(C_1 \parallel C_{PE})$ 组成的低通滤波器。最终电压模式 IEPE 加速度计高频上限转折频率是该低通滤波器与 PE 传感器谐振频响特性相结合的结果。

上文图 1.10 是电压模式 IEPE 加速度计幅频响应特性曲线的示例。电压模式 IEPE 加速度计在工作频带内有平坦的频率相应特性。完全没有采用 PZT 压电元件电荷模式 IEPE 加速度计所表现出 10 倍频程 2.5%的下降斜率。这也是电压模式 IEPE 加速度计的优点之一。上文图 1.12 是电压模式 IEPE 加速度计相频响应特性曲线。

1.4.3 地绝缘 IEPE 加速度计和接地回路问题

当加速度计安装在有一定地电位的传导性被测试结构上时，在测量系统中会形成接地回路，从而导致测量误差。图 1.29 是接地回路形成原理示意图。在图中加速度计有双层屏蔽壳体，内壳屏蔽 PE 传感器和放大器，外壳直接接触被测结构。在图中 z_1 是两层壳体之间的阻抗。z_1 既可以呈纯电阻性也可以呈电容性阻抗，或者是两者的结合。A 和 B 是测量系统的两个接地点，分别接加速度计外壳和信号适调电路机壳。

在两个接地点之间的地电位差能形成具有一定内阻 r_g 的接地回路电压源 e_g。e_g 作用在传感器外壳和信号适调电路机壳之间，进入传感器放大器的输入端。通常 e_g 表现为工频干扰。在有些情况下，工频干扰中还存在不可忽视的二次、三次，甚至高次谐波成分。接地回路问题通常多发生在高功率工业环境，或者传感器与信号适调电路间使用过长电缆的测量系统。

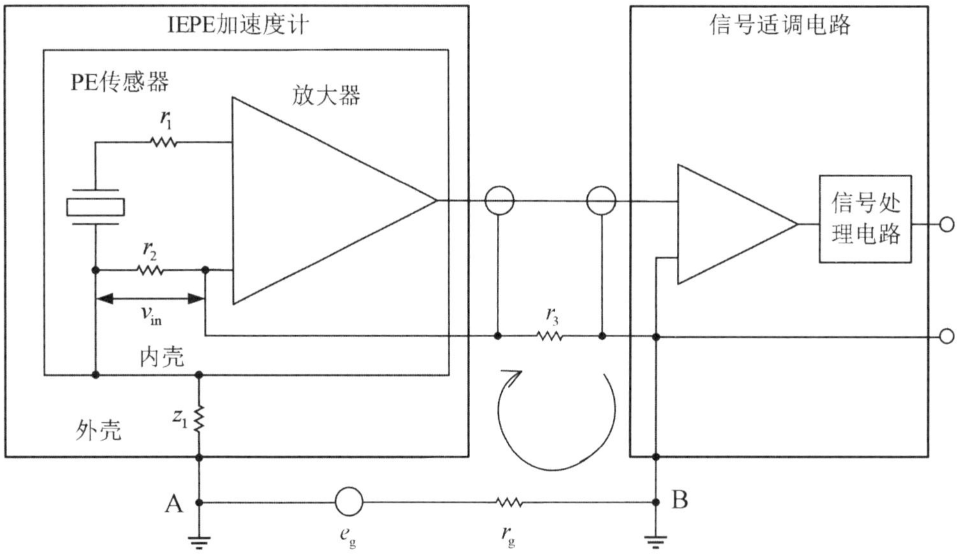

图 1.29　接地回路形成原理示意图

电阻 r_1 和 r_2 是连接 PE 传感器与内装放大器电路输入导线的电阻。r_3 是加速度计内装放大器电路公共端与信号适调电路壳体间连接电缆屏蔽层的电阻。通常，电阻 r_1、r_2、r_3 和 r_g 的阻值很小，一般≤10 Ω，更远小于 $|z_1|$，可以表示为：

$$r_1 \approx r_2 \approx r_3 \approx r_g \leqslant 10\,\Omega \ll |z_1| \tag{1.52}$$

从图 1.29 可以看出，加速度计中放大器的输入电压 v_{in} 等于：

$$v_{\text{in}} = v_{r_2} = \frac{e_{\text{g}} \cdot r_2}{z_1 + r_2 + r_3 + r_{\text{g}}} \tag{1.53}$$

如果传感器外壳与电路的公共端相连，即 $z_1 = 0$，则式（1.53）变成：

$$v_{\text{in}} = v_{r_2} = \frac{e_{\text{g}} \cdot r_2}{r_2 + r_3 + r_{\text{g}}} \tag{1.54}$$

在这种情况下，我们可以看到 v_{in} 很大。举例说明：如果 $r_1 \approx r_2 \approx r_3 \approx r_{\text{g}} \approx 1\Omega$，则 $v_{\text{in}} \approx e_{\text{g}}/3$。而如果传感器外壳与内屏蔽壳绝缘，则式（1.53）变成：

$$v_{\text{in}} = v_{r_2} = \frac{e_{\text{g}} \cdot r_2}{z_1} \tag{1.55}$$

为了尽可能减小地回路电压源 e_{g} 的影响，需要传感器外壳与其内屏蔽层间有良好的绝缘，即：$z_1 \gg r_2$。举例说明，如果 z_1 =1 MΩ，r =1 Ω，根据式（1.55），$v_{\text{in}} \approx e_{\text{g}} \cdot 10^{-6}$。

因此，为了使地回路影响达到可忽略的程度，需要将传感器壳体与地绝缘。实现地绝缘设计有多种方法。如采用图 1.29 所示的附加内屏蔽壳，将 PE 传感器与电路置于内屏蔽壳中，外壳与内屏蔽壳绝缘，也可以采用绝缘安装基座或绝缘螺栓。图 1.30 和图 1.31 是两个通用型地绝缘 IEPE 加速度计的实物照片 [60-61]。

图 1.30　地绝缘单轴向 10 mV/g（可选 100 mV/g）轻型（3.5 g）IEPE 加速度计

图 1.31　地绝缘三轴向 100 mV/g 小型（15 g）IEPE 加速度计

1.4.4　内置传感器电子数据表（TEDS）IEPE 加速度计

有些测量系统包含许多同种类型的单轴向或多轴向传感器，而测试点往往分布在被测体的不同位置。在这种多通道测量系统中，需要确认每个传感器的具体位置。在组建这样的系统时，传感器以及电缆的标记和布置要耗费很长时间。为了解决这个问题，IEPE 传感器和信号适调电路的设计者们在电子电路中增加了专用标识电路，可让测量系统自动识别每一只传感器。

这个电路称为传感器电子数据表（Transducer Electronic Data Sheet）存储器 [13]，简称 TEDS。TEDS 为测量系统提供读写每只传感器标识信息和主要标定数据的能力，TEDS 包含的信息一般包括传感器的序列号、灵敏度、输出偏置电压、测量范围等主要性能信息。TEDS 存储器中有传感器的基本性能指标，如果传感器纸质数据表遗失，这些信息就显示出格外重要的意义。此外，传感器的自标识功能还能用最短的时间更换传感器。但 TEDS 技术有两项缺点：（1）需要在 IEPE 加速度计和信号适调电路上增加相应功能电路；（2）最高工作温度 85 ℃。

TEDS 数据格式与 IEEE 1451.4 标准兼容，标准定义了 TEDS 信息的编码方法 [62]。IEEE 1451.4 标准采用模板概念，为不同类型传感器规定了专用模板 [62]。

图 1.32 给出 IEPE 传感器内 TEDS 存储器工作原理，图中信号适调电路中增设管理 TEDS 工作所需功能电路 [13]。信号适调电路为 IEPE 传感器内 TEDS 存储器电路提供−5 Vdc 工作电源，以及 TEDS 通信接口。

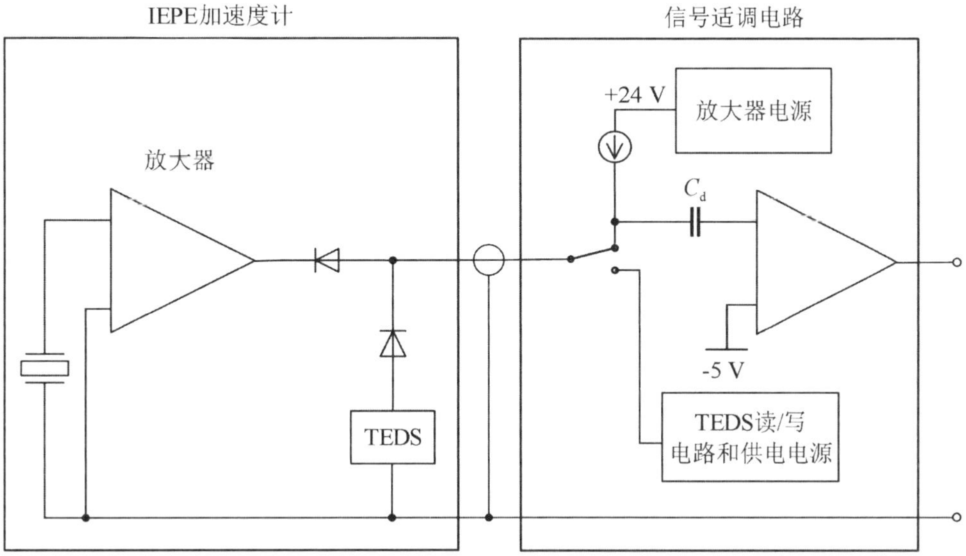

图 1.32　IEPE 传感器内 TEDS 存储器工作原理图

在图 1.32 中，通过信号适调电路中的选通开关来控制 IEPE 加速度计内放大电路正常工作状态与 TEDS 数据读、写之间的转换。在 IEPE 放大器正常工作时，TEDS 存储器不工作。当开关处于另一位置时，进行 TEDS 数据的读、写操作。从图中可以看出，传感器内 TEDS 电路有两只二极管保证 IEPE 加速度计中的放大器电路和 TEDS 存储器均能进入正常工作状态。

表 1.4 概括了带 TEDS 功能 IEPE 加速度计的优缺点。

图 1.33 和图 1.34 是两个微型 TEDS IEPE 传感器的实物照片，图 1.33 是单轴向加速度计，图 1.34 是三轴向加速度计 [63-64]。

表 1.4　带 TEDS 功能 IEPE 传感器的优缺点

优点	缺点
1.读写传感器的标识信息和主要标定数据 2.随时获取传感器的技术指标，不必担心遗失纸质传感器数据表 3.节省更换和识别传感器的时间 4.TEDS 数据格式与 IEEE 1451.4 标准兼容，可像普通 IEPE 传感器一样使用 TEDS IEPE 传感器	1.需要在 IEPE 传感器的内装电路电路中和信号适调电路中额外增加电路。 2.最高工作温度只有 85 °C

图 1.33　单轴向 TEDS 微型（13×6.6×6.4 mm³, 1 g）IEPE 加速度计

图 1.34　三轴向 TEDS 微型（13×10×10 mm³ , 5 g）IEPE 加速度计

参考文献

1. (2008) Dynamic test handbook. Shock vibration pressure. Meggitt, Endevco, San Juan Capistrano, CA. https://www.endevco.com/new-2008-endevco-dynamic-test-handbook-providescomplete-resource-for-frequently-needed-data/
2. (2012) Test and measurement product catalog. Meggitt Sensing Systems, Irvine, CA. https://www.endevco.com/resources/catalog/
3. (2011) Test & measurement, sensors & instrumentation catalog. PCB Piezotronics Corp., Depew, NY. http://www.pcb.com/FlipBookInteractive.aspx#.UsWRhqTxuUk
4. Handbook of piezoelectric accelerometers. Bruel & Kear. http://www.bksv.com/doc/bb0694.pdf
5. (2011) Dytran piezoelectric and DC MEMS sensors for measurement and monitoring, Product catalog. Dytran Instruments, Inc. Chatsworth, CA. http://catalog.dytran.com/
6. Wilson JS (2005) Sensor technology handbook. Newnes and Elsevier, Amsterdam. ISBN 0-7506-7729-5
7. Webster JG (1998) The measurement, instrumentation and sensors handbook. CRC, Boca Raton, FL
8. Tustin W (2005) Random vibration & shock testing. Equipment Reliability Institute, Santa Barbara, CA
9. Walter PL (2001) The handbook of dynamic force, pressure and acceleration measurement. Meggitt, Endevco, San Juan Capistrano, CA. http://www.amazon.com/handbook-dynamicpressure-acceleration-measurement/dp/0971337004
10. Practical considerations in using IEPE accelerometers with modern data acquisition systems (2009). Technical paper 326, Meggitt, Endevco Corp. http://www.sem.org/PDF/IEPE_Practical_considerations.pdf
11. (2009) Practical understanding of key accelerometer specifications. Technical paper 328, Meggitt, Endevco Corp. https://www.endevco.com/download-center/
12. Merhav S (1996) Aerospace sensor systems and applications. Springer, New York
13. Weber M (2013) Instrumentation, Metra Mess- and Frequenztechnic in Radebeul e. K. http:// www.new.mmf.de/instrumentation.htm
14. Kulwanoski G, Schnellinger J (2004) The principles of piezoelectric accelerometers. Kistler Instrument Corp. Sensors Magazine Online. http://www.sensorsmag.com/articles/0204/27/main.shtml
15. Schloss F (1993) Accelerometer noise. Sound Vib 3:22–23
16. Gabrielson TB (1995) Mechanical-thermal noise in micromachined acoustic and vibration sensors. IEEE Trans Electron Devices 40(5):903–909
17. Wlodkowski PA et al (2001) The development of high-sensitivity, low-noise accelerometers utilizing single crystal piezoelectric materials. Sens Actuators 90:125–131
18. Isotron and charge mode piezoelectric accelerometers, pros and cons. Technical paper 320. Meggitt, Endevco Corp. https://www.endevco.com/download-center/

19. Levinzon FA (2005) Noise of piezoelectric accelerometer with integral FET amplifier. IEEE Sens J. doi:10.1109/JSEN.2005.859256
20. Levinzon FA (2006) 175 °C silicon-based hybrid charge amplifier for 175 °C and 100-mV/g miniature piezoelectric accelerometer. IEEE Sens J. doi:10.1109/JSEN.2006.881437
21. Levinzon FA (2012) Ultra-low-noise seismic piezoelectric accelerometer with integral FET amplifier. IEEE Sens J. doi:10.1109/JSEN.2012.2186564
22. Press release (2009) Endevco debuts ultra low-noise remote charge converter. https://www.endevco.com/endevco-debuts-ultra-low-noise-remote-charge-converter/
23. Aszkler C (2005) The principles of acceleration, shock, and vibration sensors. Sensors online magazine. http://archives.sensorsmag.com/articles/0505/14/main.shtml
24. Model 87 seismic accelerometer, specification sheet. Meggitt-Orange County, CA. https://www.endevco.com/datasheets/87.pdf
25. Model 65HT Isotron accelerometer, specification sheet. Meggitt-Orange County, CA. https://www.endevco.com/wp-content/uploads/65ht6.pdf
26. Model 25A Isotron accelerometer. Meggitt-Orange County, CA. https://www.endevco.com/datasheets/25a.pdf
27. (2014) Isotron® accelerometer Model 35B. Meggitt-Orange County, Irvine, CA (in press)
28. (2014) Isotron® accelerometer Model 35C. Meggitt-Orange County, Irvine, CA (in press)
29. Mattingly M (2008) Aerospace accelerometers. Quality Magazine. http://www.qualitymag. com/Articles/89157-aerospace-accelerometers
30. Vives AA (ed) (2008) Piezoelectric transducers and applications, 2nd edn. Springer, Heidelberg
31. Steinem C, Janshoff A (eds) (2007) Piezoelectric sensors. Springer, Heidelberg
32. Moheimani SOR, Fleming AJ (2006) Piezoelectric transducers for vibration control and damping. Springer, Heidelberg
33. Tichy J, Erhart J, Kittinger E, Privratska J (2010) Fundamentals of piezoelectric sensorics. Springer, Heidelberg
34. Jalili N (2010) Piezoelectric-based vibration control. Springer, Heidelberg
35. Walter PL (1999) Trends in accelerometer design for military and aerospace applications Sensors Magazine Online. http://www.sensorsmag.com/articles/0399/0399_44/main.shtml
36. Low-noise cables-signal integrity beyond everything! EE-systems. http://en.ee-systems.de/lownoise_cables.html
37. Triboelectric effect. Wikipedia, the free encyclopedia. http://en.wikipedia.org/wiki/Triboelectric_effect
38. Cable considerations and constant current level. PCB Piezotronics. http://www.pcb.com/TechSupport/tech_longcables
39. Model 6237 M70/M71 Piezoelectric accelerometer. Specification sheet. Meggitt Endevco Corp. San Juan Capistrano, CA. https://www.endevco.com/datasheets/6237m70_m71.pdf
40. Model 6240 M10 Piezoelectric accelerometer. Specification sheet. Meggitt Endevco Corp. San Juan Capistrano, CA.

https://www.endevco.com/datasheets/6240M10.pdf

41. Zhang S, Jiang X, Lapsley M et al (2010) Piezoelectric accelerometers for ultrahigh temperature application. Appl Phys Lett 96:013506-1-3. doi:10.1063/1.3290251
42. Transfer function. Wikipedia, the free encyclopedia. http://en.wikipedia.org/wiki/Transfer_function
43. Weber M (2013) Characteristics. Metra Mess- und Frequenztechnik in Radebeule. K. http://www.new.mmf.de/characteristics.htm#frequ_resp. Accessed 3 Jan 2014
44. Low-power, low-voltage accelerometerLPA100T. Specification sheet. Meggitt Sensing Systems, Wilxocon Research. http://www.wilcoxon.com/prodpdf/LPA100T%20spec%20(99187)A.pdf
45. (2009) Model 86 seismic accelerometer. Specification sheet. Meggitt, Endevco. https://www.endevco.com/datasheets/86.pdf
46. (2012) Model 67 Isotron® accelerometer. Specification Sheet. Meggitt, Endevco. https://www.endevco.com/datasheets/67.pdf
47. Isotron® accelerometer Model 65HTLPF. Data sheet. Meggitt, Endevco Corp. https://www.endevco.com/wp-content/uploads/65HTLPF.pdf
48. Triaxial CCLD accelerometer types 4527 and 4527-001. Product Data. B&K. http://www.specman.pt/4527.pdf
49. 4526—CCLD accelerometer. Specifications. http://www.bksv.com/Products/transducers/vibration/accelerometers/accelerometers/4526?tab=specifications
50. Piezo-electric accelerometers—A/123/TE, DJB Instruments UKLTD. http://www.djbinstruments.com/en/products/piezo-electric-accelerometers/mono-axial-integral-electronics/a123te.
51. Model: 356A15. PCB Piezotronics. http://www.pcb.com/Proucts.aspx?m=356A15
52. High temperature electronics. Honeywell Aerospace. http://aerospace.honeywell.com/products/navigation-systems/sensors-and-inertial-products/high-temperature-electronics
53. APEI HT/XT series silicon carbide power modules. Arkansas Power Electronics International, Inc. Fayetteville, AR. http://www.apei.net/#
54. Model: 351B41 (2014) Product specification. PCB Piezotronics. http://www.pcb.com/products.aspx?m=351B41#.UscNnqTxuUk
55. (2012) Understanding the effect of base strain sensitivity on piezoelectric transducer signal output. Measurement news Meggitt. Endevco Corp. https://www.endevco.com/news/newsletters/2012_05/f_tp.html
56. Lent B (2009) Simple steps to selecting the right accelerometer. Sensors online magazine. http://www.sensorsmag.com/sensors/content/printContentPopup.jsf?id=586549
57. Model 2250A/AM1—10 Isotron® accelerometer. Specification sheet. Meggitt-Orange County, CA. https://www.endevco.com/datasheets/2250a_am1.pdf
58. (2009) Model 7251A -10,-100,-250,-500 Isotron® accelerometer. Specification sheet. Meggitt-Orange County, CA. https://www.endevco.com/datasheets/7251A3.pdf

59. (2013) Model 65 Isotron® accelerometer. Specification sheet. Meggitt-Orange County, CA. https://www.endevco.com/wp-content/uploads/654.pdf
60. (2013) Model 256-10,-100 Isotron® accelerometer. Specification sheet. Meggitt-Orange County, CA. https://www.endevco.com/datasheets/256.pdf
61. (2013) Model 2258A Isotron® accelerometer. Specification sheet. Meggitt-Orange County, CA. https://www.endevco.com/datasheets/2258a1.pdf
62. (2014) IEEE 1451.4 sensor templates overview. National Instruments. http://www.ni.com/white-paper/3468/en/
63. (2013) Model 27A11, A12TEDS accelerometer. Specification sheet. Meggitt-Orange County, CA. https://www.endevco.com/wp-content/uploads/27A11A12.pdf
64. (2013) Model 66A50, A11, A12 TEDS accelerometer (2013) Specification sheet. Meggitt-Orange County, CA. https://www.endevco.com/wp-content/uploads/66a505.pdf

第 2 章　IEPE 加速度计中的压电传感器

关键词　压电传感器：压缩模式，剪切模式，弯曲或挠曲模式，等效电路，传递函数；压电元件：石英晶体，PZT（锆钛酸铅），压电陶瓷；热电效应

本章主要介绍 IEPE 加速度计的机械部分——压电（PE）传感器，重点论述在 IEPE 加速度计中 PE 传感器的功能、传递函数、等效电路、主要电学特性、结构类型。给出了 IEPE 加速度计中 PE 传感器所采用的三种基本结构：压缩模式、剪切模式和弯曲模式，并比较不同结构模式的优缺点。同时，简要介绍 IEPE 加速度计常用压电（晶体）元件——石英和锆钛酸铅（PZT）的特性，并比较这两种压电材料的优缺点。

2.1　IEPE 加速度计中 PE 传感器的功能

PE 传感器作为 IEPE 加速度计的机械部分，其主要功能是将输入加速度转换成电荷输出信号。PE 传感器的机械结构、体积以及主要电学参数，如：电荷灵敏度、电压灵敏度、固有电容量和电阻值都直接影响 IEPE 传感器的性能。IEPE 加速度计的内装 FET 输入电荷放大器或电压放大器将 PE 传感器产生的电荷信号变换为电压输出信号。同时，放大器还将 PE 传感器输出的高阻抗信号转变成可经过长电缆传输的低阻抗电压信号。

在很多研究文献中对采用压电传感原理、无内装电路、现在可归类为传统型压电加速度计有广泛的研究[1-27]。这一类振动传感器也被称为电荷模式压电（Charge Mode PE）加速度计或电荷输出式压电（Charge Output PE）加速度计，以区别于在 IEPE 加速度计技术发展和应用过程中形成的其他惯用名称——电压模式压电（Voltage Mode PE）加速度计或电压输出式压电（Voltage Output PE）加速度计。PE 加速度计的设计、特性和结构与用在 IEPE 加速度计中的 PE 传感器相比有一定的不同之处。在 IEPE 加速度计的设计过程中，PE 传感器的功能、结构和性能都受到其作为 IEPE 加速度计机械部分的限制，PE 传感器和内装 FET 输入电荷放大器或电压放大器电路必须互相配合，才能实现理想的 IEPE 加速度计设计指标，因此对 IEPE 加速度计中的 PE 传感器有特殊的要求。下面将就这个问题展开详细讨论。

2.2 PE 传感器的传递函数

PE 传感器的基本结构和工作原理可以简化成阻尼简谐振荡器，振荡器参数为：质量 m，弹性常数 k，机械阻抗 r。图 2.1 给出 PE 传感器工作原理简图 [16-17]。

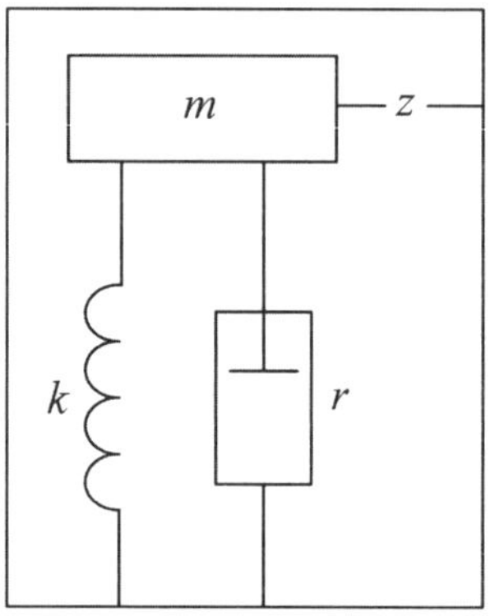

图 2.1　PE 传感器工作原理简图

可用经典二次微分运动方程描述该单自由度-弹簧-质量系统的输出位移信号 z [16-17,28]：

$$m\frac{\mathrm{d}^2 z}{\mathrm{d}t^2}+r\frac{\mathrm{d}z}{\mathrm{d}t}+kz=-m\frac{\mathrm{d}^2 y}{\mathrm{d}t^2} \tag{2.1}$$

在式（2.1）中，y 是输入位移信号。在频域，用 $Y(f)$ 表示输入位移信号，响应位移是 $Z(f)$。由式（2.1）可得到以 $\mathrm{m}/\sqrt{\mathrm{Hz}}$ 为单位的输出位移信号 z 的谱密度 $|Z(f)|$ 为：

$$|Z(f)|=\left(\frac{\omega}{\omega_\mathrm{n}}\right)^2|Y(f)|G(f) \tag{2.2}$$

式中，

$$G(f)=\frac{1}{\sqrt{\left[1-\left(\frac{\omega}{\omega_\mathrm{n}}\right)^2\right]^2+\left(\frac{\omega}{\omega_\mathrm{n}}\right)^2\frac{1}{Q^2}}} \tag{2.3}$$

在式（2.2）和（2.3）中，$\omega=2\pi f$，$\omega_\mathrm{n}=2\pi f_\mathrm{n}$，$f_\mathrm{n}$ 是系统的谐振频率：

$$\omega_\mathrm{n}^2=\frac{k}{m} \tag{2.4}$$

Q 是简谐振荡器的品质因数（谐振振幅增大因子）：

$$Q = \frac{\omega_n m}{r} \tag{2.5}$$

由于 $\omega^2 \left|Y(f)\right|$ 是单位为 $\frac{\mathrm{m}}{\mathrm{s}^2\sqrt{\mathrm{Hz}}}$ 的输入加速度信号 a_s 幅值，所以式（2.2）可以改写为：

$$\left|Z(f)\right| = a_s \left|H(f)\right| \tag{2.6}$$

式中，

$$\left|H(f)\right| = \frac{G(f)}{\omega_n^2} \tag{2.7}$$

$H(f)$ 是 PE 传感器的传递函数。对于 IEPE 加速度计，工作频率范围通常限定在 $\omega < 0.3\omega_n$。根据式（2.3），$G(f) \approx 1$，式（2.6）和式（2.7）改写成：

$$\left|Z(f)\right| = a_s \left(\frac{1}{\omega_n^2}\right) \tag{2.8}$$

$$\left|H(f)\right| = \frac{1}{\omega_n^2} \tag{2.9}$$

2.3 PE 传感器等效电路和电气特性

PE 传感器可以等效成电动势为 e_{PE} 的电压源与电容 C_{PE} 相串联的电路[9]，如图 2.2 所示，虽然该等效电路看上去很简单，但足以满足 IEPE 加速度计的设计要求。

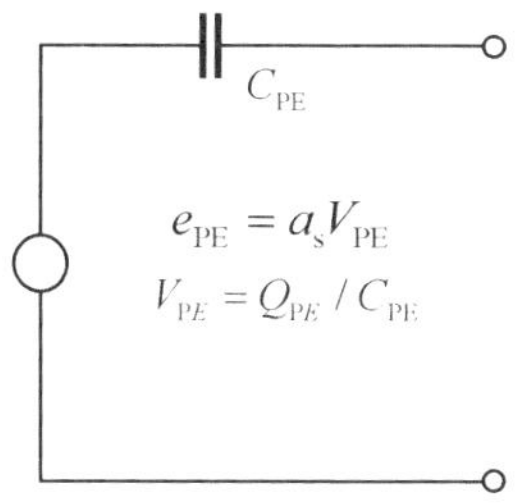

图 2.2　简化的 PE 传感器等效电路原理图

在这里，e_{PE} 表示 PE 传感器的开路输出电压，C_{PE} 代表 PE 传感器的固有电容。

$$e_{PE} = a_s V_{PE} \tag{2.10}$$

在式（2.10）中，a_s 是输入加速度，V_{PE} 是 PE 传感器的电压灵敏度（常用工程单位：mV/g）。V_{PE} 与 PE 传感器的电荷灵敏度 Q_{PE}（常用工程单位 pC/g）有如下关系：

$$V_{PE} = \frac{Q_{PE}}{C_{PE}} \tag{2.11}$$

在实际工作中，电压灵敏度常采用单位 mV/g，因此式（2.11）可表示成：

$$V_{PE}\left(\frac{\text{mV}}{\text{g}}\right) = \frac{Q_{PE}\left(\frac{\text{pC}}{\text{g}}\right)\cdot 1000}{C_{PE}(\text{pF})} \tag{2.12}$$

在设计 IEPE 加速度计时，就电学特性而言，主要关注 PE 传感器的电荷灵敏度 Q_{PE}、电压灵敏度 V_{PE} 和固有电容 C_{PE} 这三项电学参数。如第 1 章所述，Q_{PE} 和 V_{PE} 分别用来确定电荷模式和电压模式 IEPE 加速度计的最终灵敏度。C_{PE} 能影响电荷模式 IEPE 传感器的频响，也会影响电压模式 IEPE 传感器的灵敏度。压电传感器的绝缘电阻 R_{PE} 是另一个重要参数，由于压电传感器与配接的 FET 输入放大器输入端为并联关系，所以 R_{PE} 的阻值能影响 FET 的偏置电压，进而影响到整个传感器的输出偏置电压。为了避免 R_{PE} 对放大器偏置电压的影响，R_{PE} 的电阻值必须满足下面的要求：

$$R_{PE} \gg R_{in} \tag{2.13}$$

在这里，R_{in} 是放大器的输入阻抗。在 IEPE 传感器的整个工作温度范围内必须满足式（2.13）的要求。实际上，只要达到 $R_{PE} \approx 10\, R_{in}$ 即能满足多数设计需要。IEPE 加速度计的绝缘电阻典型值为 $R_{PE} \geqslant 10^{10}\,\Omega$（或≥10 GΩ）。

2.4 IEPE 加速度计中常用 PE 传感器结构

IEPE 加速度计内的 PE 传感器有多种结构形式，具体结构主要受设计指标和内装 FET 输入电荷或电压放大器的约束。IEPE 加速度计主要采用三种 PE 传感器结构，分别为：压缩模式、剪切模式和挠曲或弯曲模式 [1, 10, 11]。

2.4.1 压缩模式

在 PE 传感器技术发展历程中，压缩模式是最早使用的机电转换结构，因其有相对简单的结构，并能更直观地解释 PE 传感器工作原理。图 2.3 给出被称为单端压缩或正向压缩模式 PE 传感器结构示意图 [1,11]。

在这个结构设计中，压电元件夹在基座与质量块之间。通常借助预紧螺栓将质量块旋紧，为压电元件施加预紧力。有的设计将质量块和压电元件旋紧在中心柱上 [1]。用导线将压电元件的电极连接至电荷或电压放大器电路板上。放大器输出信号接输出插座。当加速度作用在传感器上时，质量产生作用在压电元件上的力，压电元件的电极上产生与作用力成正比的电荷信号。在该结构中，电荷信号的方向与作用力的方向相同。质量块质量越大，作用在压电元件上的力越大，输出信号幅值也就越高。

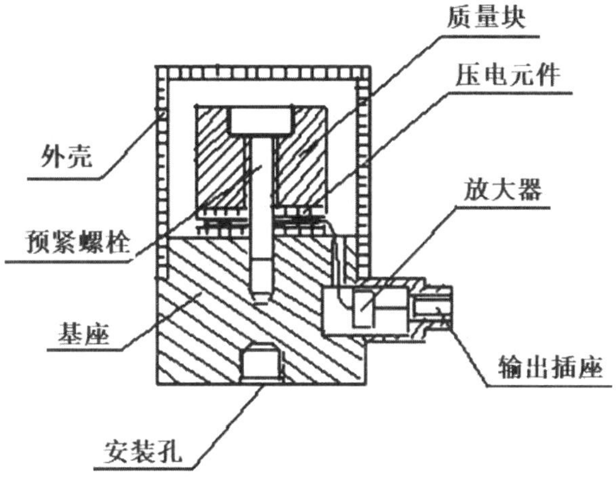

图 2.3　IEPE 加速度计的正向压缩模式结构示意图

与其他的结构模式相比，压缩模式 PE 传感器的特点是有良好的机械强度，刚度高，结构坚固，因而具有高谐振频率，同时意味着有更宽的工作频带。同时该结构还有能承受高瞬态振动（高冲击）。

然而，压缩式结构也有其固有缺点。从图 2.3 可以看出，压电元件与安装基座有紧密的机械接触，因而，这种结构必然对基座应变更敏感（有更高的基座应变灵敏度），同时对瞬时温度变化也比较敏感（热电效应）。这些影响因素会造成较大的测量误差，进而明显降低动态测量范围。

为了降低基座耦合输入的影响，曾出现过采用隔离手段的压缩模式设计 [1,11]，在基座与压电元件之间设立机械屏障，实现压电元件与基座的机械隔离。在这类结构中，有一种称为基座隔离压缩设计或倒置压缩设计 [1,11]，利用特殊设计的反置基座形成机械隔离。另一种结构设计被称为绝缘压缩式，采用绝缘垫结合热绝缘的中空金属块作为基座 [11]。

尽管采用巧妙的机械设计手法来改进图 2.3 的结构可以获得较为稳定的性能，但目前新型 IEPE 加速度计已很少采用压缩模式 PE 传感器结构。

2.4.2 剪切模式

剪切模式是 IEPE 加速度计最常使用的 PE 传感器结构 [1-5]。与其他的结构形式相比，该结构有很多优点。图 2.4 给出了剪切模式结构示意图，采用该结构的 IEPE 加速度计也被称为环形剪切模式 IEPE 加速度计 [1, 2, 11]。

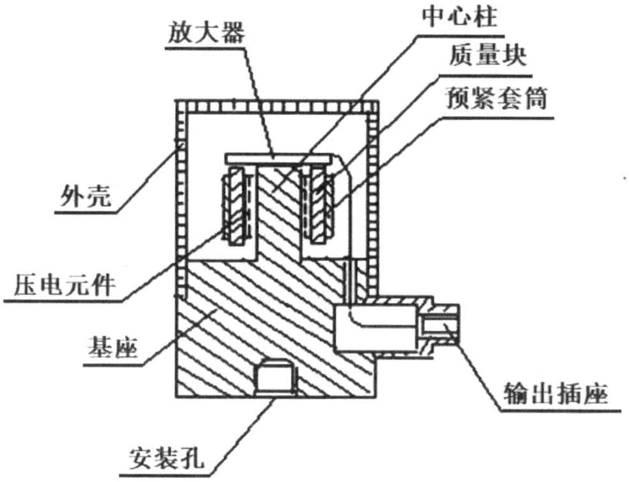

图 2.4　环形剪切模式 IEPE 加速度计结构示意图

在图 2.4 中，惯性质量块套在压电元件的外环，将压电元件牢牢地固定在中心柱上。为了能提供足够宽的工作频带，压缩环为质量块-压电元件组合体施加预紧力，形成坚固的刚性线性机械结构。当加速度作用到传感器时，质量产生作用在压电元件上的剪切力。在这个结构中，压电元件产生电荷的方向与作用力方向互相垂直。

在实际设计中，除了图 2.4 所示的环形剪切结构之外，还有几种采用剪切原理的结构设计，如等切变线结构（通常称为平面剪切型结构），是采用一组矩形压电元件，用固定螺栓紧固在中心柱上 [1]。

剪切结构可提供高电荷输出，并且压电元件与基座间具有良好的机械隔离。因此，采用剪切模式设计的传感器有高灵敏度，同时有优异的抗基座应变和温度瞬变效应的能力。平面剪切设计允许采用多个压电元件和无源温度补偿器，可灵活设计传感器灵敏度，有良好的温度稳定性和低

噪声特性 [1-2]。图 2.5 和 2.6 给出新型环形剪切模式 IEPE 加速度计的实物照片 [29-30]。图 2.5 是两线制输出单轴系列传感器，灵敏度有 100 mV/g，500 mV/g，1000 mV/g 可选 [29]，图 2.6 是三轴向四芯插座 IEPE 加速度计，灵敏度有 500 mV/g 和 1000 mV/g 可选 [30]。

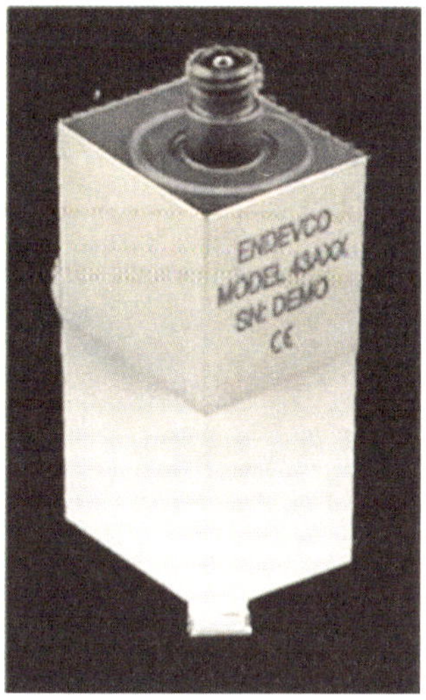

图 2.5 单轴向 1 V/g 环形剪切模式 IEPE 加速度计

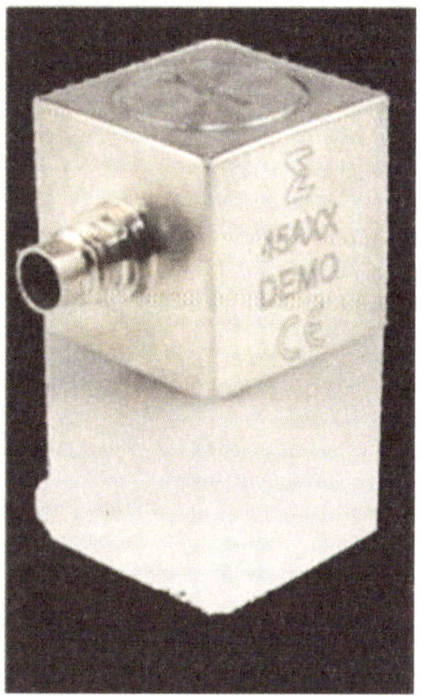

图 2.6 三轴向 1 V/g 环形剪切模式 IEPE 加速度计

剪切模式结构还可以设计成采用中心孔安装的 IEPE 加速度计，以便于在狭小空间应用时准确调整输出插座方位和电缆走向 [1]。图 2.7 给出这类加速度计的照片，图中所示传感器具有宽频带（20 kHz，±10 %）和小质量（1.8 g）的特点。

图 2.7 中心孔安装剪切模式 IEPE 加速度计

2.4.3 弯曲或挠曲模式

IEPE 加速度计的弯曲或挠曲模式设计是将压电元件固定在有悬臂梁的质量块上[1, 10, 11]。在实际设计中，悬臂梁一般采用双悬臂结构。图 2.8 给出这类结构的示意图[1, 11]。

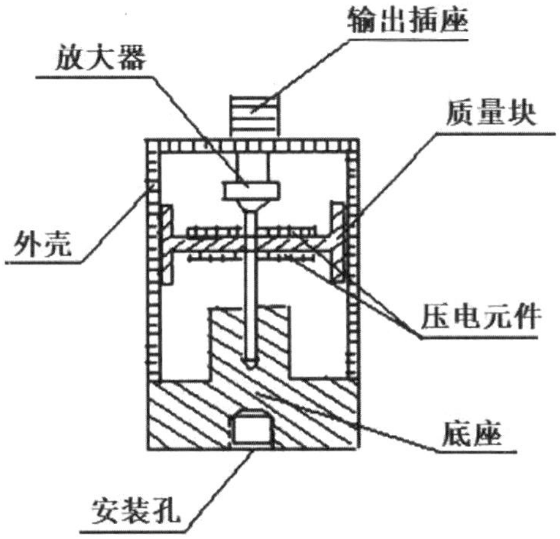

图 2.8　弯曲模式 IEPE 加速度计结构示意图

图中的加速度计为圆柱外形，整个结构包含压电元件、质量块、底座、放大器、外壳。质量块是由圆柱形和横梁构成的整体。压电元件紧固在悬臂梁的中心区域。振动轴向与圆柱轴向一致。沿轴向作用的振动信号迫使悬臂梁弯曲变形，导致压电元件受力产生电信号输出。放大器电路对电荷信号进行放大并输出到插座。

该结构的特点是具有极高的灵敏度、低共振频率、良好的温度稳定性（低热释电效应）和低本底噪声[1, 10-11, 32-33]。弯曲模式 PE 传感器结构一般用于设计测量低频、微弱加速度信号的 IEPE 地震传感器。图 2.9 和图 2.10 给出两个采用弯曲模式结构设计的超低噪声 IEPE 地震加速度计的实物照片，这两个传感器均采用弯曲模式结构[32-33]。图 2.9 所示 IEPE 地震传感器的基本性能指标：灵敏度 10 V/g，1 Hz 噪声约为 $40\,\mathrm{ng}/\sqrt{\mathrm{Hz}}$，100 Hz 噪声约为 $3\,\mathrm{ng}/\sqrt{\mathrm{Hz}}$ [32]；传感器外形直径 65 mm，高 56 mm，质量 770 g。图 2.10 所示传感器也具有超低噪声特性，与图 2.9 所示传感器有相同的灵敏度，但其外形更紧凑，直径 29 mm，高 37 mm，质量 170 g[33]；本底噪声指标略高，1 Hz 噪声为 $90\,\mathrm{ng}/\sqrt{\mathrm{Hz}}$，100 Hz 噪声为 $10\,\mathrm{ng}/\sqrt{\mathrm{Hz}}$。本书的后续章节将对 IEPE 传感器的低噪声特性进行详细的研究和论述。

图 2.9 弯曲模式超低噪声 10 V/g IEPE 地震加速度计

图 2.10 弯曲模式超低噪声 10 V/g IEPE 紧凑型地震加速度计

2.4.4 压缩式、剪切式、弯曲式三种结构的比较

表 2.1 是这三种 PE 传感器结构模式优缺点对照表。

表 2.1　压电传感器压缩模式、剪切模式、弯曲模式结构优缺点比较

压缩式 IEPE		剪切式 IEPE		弯曲式 IEPE	
优点	缺点	优点	缺点	优点	缺点
高坚固性，高刚度	高基座应变灵敏度	低基座应变灵敏度	有些设计谐振频率偏低	有最佳灵敏度-质量比	低谐振频率
高谐振频率	高热释电效应灵敏度	低热释电效应灵敏度		低热释电效应灵敏度	结构坚固性较差
耐高冲击	高噪声	较高灵敏度-质量比		低噪声	
	低灵敏度-质量比	良好的温度稳定性			

2.5　IEPE 加速度计常用压电元件

压电（晶体）元件是感受力的作用产生电信号的首选传感元件，压电元件材料的选择对传感器性能起着重要作用。

2.5.1　石英压电元件

如石英和电气石这类天然压电晶体均有高的居里温度，居里温度是指压电材料压电效应消失的温度[20]。采用石英晶体材料作为压电元件的 PE 传感器，其最高工作温度能达到 315 °C[11]。但由于在高温环境下石英晶体元件有孪晶现象，所以石英压电加速度计实际最高工作温度一般不超过 260 °C。而 IEPE 传感器内装电子电路有限的工作温度并不能完全利用石英的高温工作潜能。

石英晶体元件在很宽的温度范围内具有良好的工作稳定性，且热释电输出非常低[11, 20]。此外，石英有低电荷灵敏度 Q_{PE}、低固有电容 C_{PE} 和高电压灵敏度 V_{PE} 等特性。一般来说，单个石英晶体元件的电容值不超过 10 pF。低 C_{PE} 和高 V_{PE} 使得电压放大器成为配合石英压电传感器的首选放大电路。这是因为，如果采用电荷放大器电路，面对如此小的 C_{PE} 电容值，可能需要采用与电路板杂散电容在一个数量级的反馈电容 C_f。实际上，这就是为什么采用石英压电传感器的 IEPE 加速度计通常属于电压模式的原因。

为了使传感器获得良好的性能参数，比如设计灵敏度不低于 10 mV/g、幅频响应在低频端 1 Hz 偏差≤5%、工作温度范围最高 125～130 °C 的 IEPE 加速度计，就要求内装电压放大器必须具有很高的输入电阻 R_{in} 和小的输入电容 C_1 来匹配较低的 PE 传感器固有电容 C_{PE}。而输入电阻阻值过高会限制传感器的工作温度范围，因此针对加速度计的不同应用目的，可考虑优化电压放大器输

入电阻 R_{in} 的阻值，并对传感器性能有所取舍。由于石英电荷灵敏度低且固有电容值小，所以不能将之用于设计高灵敏度、低噪声 IEPE 加速度计。采用人工电极化的合成铁电材料，如 PZT 压电陶瓷，更适合用来设计高灵敏度、低噪声 IEPE 传感器。

2.5.2 锆钛酸铅压电元件

在铁电陶瓷材料中，PZT（锆钛酸铅）是公认的高电荷灵敏度和宽频响压电陶瓷，与石英和电气石这一类天然晶体材料相比，在同样输出性能的前提下，PZT 有更小体积和更低噪声[1-3, 20]。这也是大多数 IEPE 传感器以 PZT 作为压电元件的主要原因。表 2.2 给出了石英、PZT 和电气石三种压电材料在单位力作用下的典型电荷灵敏度值。

表 2.2 石英、PZT 和电气石三种压电材料单位力输出电荷比较

		石英	PZT	电气石
单位力电荷输出，pC/N	剪切模式	4	460	3.8
	压缩模式	2.2	350	1.9

铁电陶瓷材料在使用之前需要极化。所谓极化，就是给被极化材料施加高电压，使陶瓷元件中的电畴产生定向排列。

从理论上讲，PZT 陶瓷压电元件能在 288 °C 的高温下工作。但同样受 IEPE 传感器内装电路工作温度的限制。目前，采用 PZT 压电陶瓷材料作为敏感元件的 IEPE 加速度计，内装电路采用基于硅半导体器件设计和制作 FET 输入放大器，其最高工作温度可达到 163～185 °C[35-41]。采用绝缘体上硅（Silicon-on-Insulator，SOI）技术制作的 FET 输入放大器最高工作温度能达到 225 °C。

2.5.3 使用 PZT 压电陶瓷和石英压电元件 IEPE 传感器的比较

表 2.3 对使用石英和 PZT 的 IEPE 传感器的性能特点做了总体性比较。

表 2.3 使用 PZT 陶瓷和石英压电元件 IEPE 传感器性能特点

PZT 压电陶瓷 IEPE 传感器		石英压电元件 IEPE 传感器	
优点	缺点	优点	缺点
灵敏度较高	热释电灵敏度较高	灵敏度温度响应较好	灵敏度较低
频带更宽	灵敏度温度响应较大	潜在工作温度更高	频带相对较窄
噪声较低	电荷模式 IEPE 传感器幅频特性曲线有 2.5%/Dec.的下降斜率	平坦的幅频特性曲线	噪声较高
体积较小			体积较大

2.5.4 热电效应

热电效应是指当压电元件上出现温度梯度时，在压电元件表面产生电荷[7]。该电荷信号几乎都在低于 10 Hz 的低频范围。热电输出的强度与压电材料和压电传感器结构有关。石英制作的压电元件没有热电效应。如前所述，压缩模式加速度计比剪切模式和弯曲模式加速度计有更大的热电效应输出。由于热电输出是低频现象，用电子电路中的高通滤波器可以滤除部分低频成分。但是，如果需要测量加速度信号的低频频谱成分，则有必要充分考虑不同压电材料的热电敏感度和 PE 传感器所应采用的结构模式。

参考文献

1. (2008) Dynamic test handbook. Shock vibration pressure. Meggitt, Endevco, San Juan Capistrano, CA. https://www.endevco.com/new-2008-endevco-dynamic-test-handbook-provides-complete-resource-for-frequently-needed-data/
2. (2012) Test and measurement product catalog. Meggitt Sensing Systems, Irvine, CA. https://www.endevco.com/resources/catalog/
3. (2011) Test & measurement, sensors & instrumentation catalog. PCB Piezotronics Corp., Depew, NY. http://www.pcb.com/FlipBookInteractive.aspx#.UsWRhqTxuUk
4. Handbook of piezoelectric accelerometers. Bruel & Kear. http://www.bksv.com/doc/bb0694.pdf
5. (2011) Dytran piezoelectric and DC MEMS sensors for measurement and monitoring, Product catalog. Dytran Instruments, Inc. Chatsworth, CA. http://catalog.dytran.com/
6. Wilson JS (2005) Sensor technology handbook. Newnes and Elsevier, Amsterdam. ISBN 0-7506-7729-5
7. Webster JG (1998) The measurement, instrumentation and sensors handbook. CRC, BocaRaton, FL
8. Tustin W (2005) Random vibration & shock testing. Equipment Reliability Institute, SantaBarbara, CA
9. Walter PL (2001) The handbook of dynamic force, pressure and acceleration measurement. Meggitt, Endevco, San Juan Capistrano, CA. http://www.amazon.com/handbook-dynamicpressure-acceleration-measurement/dp/ 0971337004
10. Weber M (2013) Accelerometer designs. Metra Mess-und Frequenztechnik in Radebeule.K. http://www. new.mmf.de/accelerometer_designs.htm
11. Function of piezoelectric accelerometers. PCB piezotronics. http://www.pcb.com/TechSupport/Tech_Accel
12. Merhav S (1996) Aerospace sensor systems and applications. Springer, New York

13. (2009) Practical understanding of key accelerometer specifications. Technical paper328, Meggitt, Endevco Corp. https://www.endevco.com/download-center/
14. Kulwanoski G, Schnellinger J (2004) The principles of piezoelectric accelerometers. KistlerInstrument Corp. Sensors Magazine Online. http://www.sensorsmag.com/articles/0204/27/main.shtml
15. Isotron and charge mode piezoelectric accelerometers, pros and cons. Technical paper320, Meggitt, Endevco Corp. https://www.endevco.com/download-center/
16. Gabrielson TB (1993) Mechanical-thermal noise in micromachined acoustic and vibration sensors. IEEE Trans Electron Devices 40(5):903–909
17. Longoria RG (2000) Note on accelerometers, The University of Texas at Austin. http://www.me.utexas.edu/~me 244L/labs/motion/accelerometers.pdf
18. Wlodkowski PA et al (2001) The development of high-sensitivity, low-noise accelerometers utilizing single crystal piezoelectric materials. Sens Actuators 90:125–131
19. Aszkler C (2005) The principles of acceleration, shock, and vibration sensors. Sensors online magazine. http://archives.sensorsmag.com/articles/0505/14/main.shtml
20. Mattingly M (2008) Aerospace accelerometers. Quality Magazine. http://www.qualitymag.com/articles/ 89157-aerospace-accelerometers
21. Vives AA (ed) (2008) Piezoelectric transducers and applications, 2nd edn. Springer, Heidelberg
22. Steinem C, Janshoff A (eds) (2007) Piezoelectric sensors. Springer, Heidelberg
23. Moheimani SOR, Fleming AJ (2006) Piezoelectric transducers for vibration control and damping. Springer, Heidelberg
24. Tichy J, Erhart J, Kittinger E, Privratska J (2010) Fundamentals of piezoelectric sensorics. Springer, Heidelberg
25. Jalili N (2010) Piezoelectric-based vibration control. Springer, Heidelberg
26. Weber M (2013) Characteristics. Metra Mess- und Frequenztechnik in Radebeul e.K. http://www.new. mmf.de/ characterristics.htm#frequ_resp
27. Lent B (2009) Simple steps to selecting the right accelerometer. Sensors online magazine. http://www.sensorsmag. com/sensors/content/printContentPopup.jsf?id=586549
28. Acceleration measurements with piezo-electric accelerometers. http://stuff.mit.edu/afs/athena/course/13/13.80/www /handouts/Accelerometer.pdf
29. Isotron® accelerometer Model 43A. Meggitt Sensing Systems, Irvine, CA. https://www.endevco.com/wp-content /uploads/43A1.pdf
30. Isotron® accelerometer Model 45A. Meggitt Sensing Systems, Irvine, CA. https://www.endevco. com/wp-content /uploads/45A9.pdf
31. Model 7250A -2,-10 Isotron® accelerometer. Meggitt Sensing Systems, Irvine, CA. https://www.endevco.com/ datasheets/7250A.pdf

32. (2009) Model 86 seismic accelerometer. Meggitt Sensing Systems, Irvine, CA. https://www.endevco.com/datasheets/86.pdf
33. Model 87 seismic accelerometer. Meggitt Sensing Systems, Irvine, CA. https://www.endevco.com/datasheets/87.pdf
34. Model 7703A -50,-100 piezoelectric accelerometer. Meggitt Sensing Systems, Irvine, CA. https://www.endevco.com/datasheets/7703A.pdf
35. Isotron® accelerometer Model 65HT, Specification Sheet. Meggitt Sensing Systems, Irvine, CA. https://www.endevco.com/wp-content/uploads/65ht6.pdf
36. Model 67 Isotron® accelerometer (2012). Meggitt Sensing Systems, Irvine, CA. https://www.endevco.com/datasheets/67.pdf
37. Triaxial CCLD accelerometer types 4527 and 4527-001. Product Data. B&K. http://www. specman.pt/4527.pdf
38. 4526—CCLD accelerometer. Specifications. http://www.bksv.com/Products/transducers/vibration/accelerometers//4526?tab=specifications
39. DJB Instruments, Piezo-Electric Accelerometers—A/123/S. http://www.djbinstruments.com/products/piezo- electric-accelerometers/mono-axial-integral-electronics/a123s
40. DJB instruments, piezo-electric accelerometers—A/124/E. http://www.djbinstruments.com/products/piezo- electric-accelerometers/mono-axial-integral-electronics/a124e
41. PCB piezotronics, model: 356A15. Product specification. http://www.pcb.com/Products.aspx? m=356A15

第3章　IEPE 加速度计内装放大器电路

关键词　放大器：电荷放大器，基于 FET-BJT，基于集成运放，FET 输入放大器，性能特点，电压放大器；电荷增益；厚膜电路板：电容元件，元器件和材料，JFET，MOSFET，电阻元件，工艺，电荷放大器特性，电压放大器特性；电压增益

内装 FET 输入放大器构成 IEPE 加速度计的电子电路部分，其功能是将 PE 传感器产生的电荷信号转换成电压输出信号。内装放大器电路的另一个重要特性是实现 PE 传感器的高阻抗电信号到低阻抗电信号的转换，保证放大器输出的电压信号能利用长电缆进行传输。作为 IEPE 加速度计的内装电路，放大器电路的结构和主要性能指标，如增益、频率响应、噪声、输入和输出阻抗、供电电源、工作温度范围、体积等，都是保证 IEPE 传感器性能的关键要素。本章重点研究 IEPE 传感器常用的两类 FET 输入放大器：电荷放大器和电压放大器，详细论述 FET 输入放大器的电路结构、主要性能指标、电路板，以及常用元器件和材料。

3.1　电荷放大器

电荷放大器（Charge Amplifier），通常也称为电荷变换器（Charge Converter），与电压放大器相比，电荷放大器有更多的优点，因此，IEPE 传感器广泛采用电荷放大器原理的内装电路[1-15]。众所周知，电荷放大器特别适合作为电容性信号源的适调电路，而低于谐振频率工作的 PE 传感器就是典型的电容性信号源。在 IEPE 加速度计中有两种常用电荷放大器电路：基于 FET-BJT 分立元件的电荷放大器电路和基于集成运算放大器的电荷放大器电路。

3.1.1　FET-BJT 电荷放大器电路

图 3.1 给出基于 FET-BJT 电荷放大器电路的基本结构以及电荷放大器电路与 PE 传感器和信号适调电路的连接方式。利用 FET-BJT 电荷放大器原理可以有多种设计方案，而最简单的设计是仅由两级直接耦合电路构成基础放大器。

采用 n 沟道 JFET 或 n 沟道 MOSFET 构成高输入阻抗输入级，以匹配 PE 传感器的高输出阻

抗。用 PNP 或 NPN 型双极型晶体管作为低阻抗输出级。有的设计方案在两级电路间还可能包含附加信号处理电路。

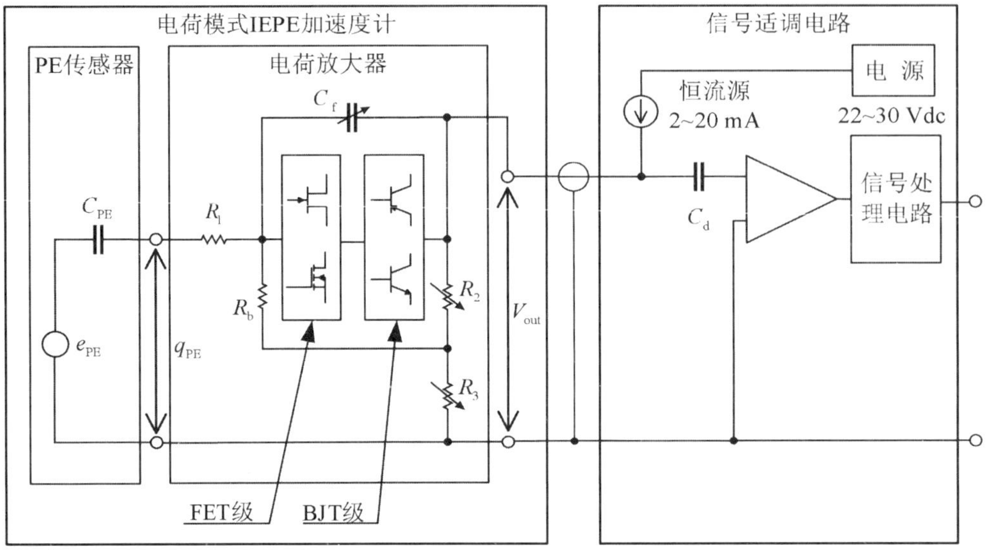

图 3.1　基于 FET-BJT 电荷放大器电路基本结构及其与 PE 传感器和信号适调电路的连接方式

在图 3.1 中，e_{PE} 和 C_{PE} 分别代表 PE 传感器开路输出电压和固有电容。e_{PE} 与 PE 传感器电荷灵敏度 Q_{PE} 成正比，与电容 C_{PE} 成反比［见第 1 章式（1.21）］。在电荷变换电路中，C_f 是反馈电容，R_b 是偏置电阻（通常有高电阻值，如 10^9 Ω），电阻 R_2 和 R_3 形成分压电阻。偏置电阻 R_b 和分压电阻 R_2 / R_3 构成直流负反馈电路，在规定的工作温度范围内（−55～+125 ℃）为放大器电路提供稳定的静态工作点、FET 偏置电压以及相应的输出偏置电压 V_B。输出偏压 V_B 与 FET 的漏极饱和电流 I_{DSS} 和栅-源极夹断电压 $V_{GS(off)}$ 有关，而这两个 FET 参数往往有很大的分散性。因此，可通过改变 R_2 和 R_3 的阻值在一定范围内调节 V_B。这样无须进行严格挑选就能在电路中采用参数有离散性的 FET 器件。

在放大器电路中并不总是使用电阻 R_1。该电阻与 C_{PE} 构成单极点无源低通滤波器，下文的式（3.8）给出其构成低通转折频率的表达式。低通滤波器可在一定程度上抑制 PE 传感器谐振形成的高频响应区域的上升趋势。如果 PE 传感器谐振频率足够高，电阻 R_1 可以省略。

放大器的电荷增益 G_q 仅与反馈电容 C_f 有关，见下文式（3.1）。IEPE 传感器的总灵敏度 S_q 取决于两个因素：PE 传感器的电荷灵敏度 Q_{PE} 和放大器的电荷增益 G_q，见第 1 章式（1.34）。由于 Q_{PE} 会在一定的限度内变化（典型值±10%），为了满足传感器灵敏度 S_q 的规定误差，C_f 使用可变电容器，或挑选电容量适当的电容元件。

信号适调电路为放大器提供工作电源，并附加有信号放大和信号处理功能。常规工作电源电压范围在 22～30 Vdc。由恒流源（如恒流二极管）产生 2～20 mA 范围的供电电流。耦合电容 C_d 消除 IEPE 传感器输出偏置电压对信号适调电路中放大器输入级的影响。

从图 3.1 可以看出，该测量系统使用两线制输出（输出信号和电路地两根导线），即两根导线在传送输出信号的同时还为 IEPE 传感器内装电路提供恒流供电。IEPE 加速度计和信号适调电路之间通常使用同轴电缆连接。与采用三线输出的基于运放的放大器电路相比，该两线制输出技术能节省传感器成本。下面还将深入讨论电荷放大器的特性和主要性能指标。

3.1.2 基于集成运算放大器的电荷放大器电路

图 3.2 给出基于集成运算放大器的 IEPE 加速度计内装电荷放大器电路，图中还给出了电荷放大器与 PE 传感器和信号适调电路的连接方式，电荷放大器电路采用单电源供电。

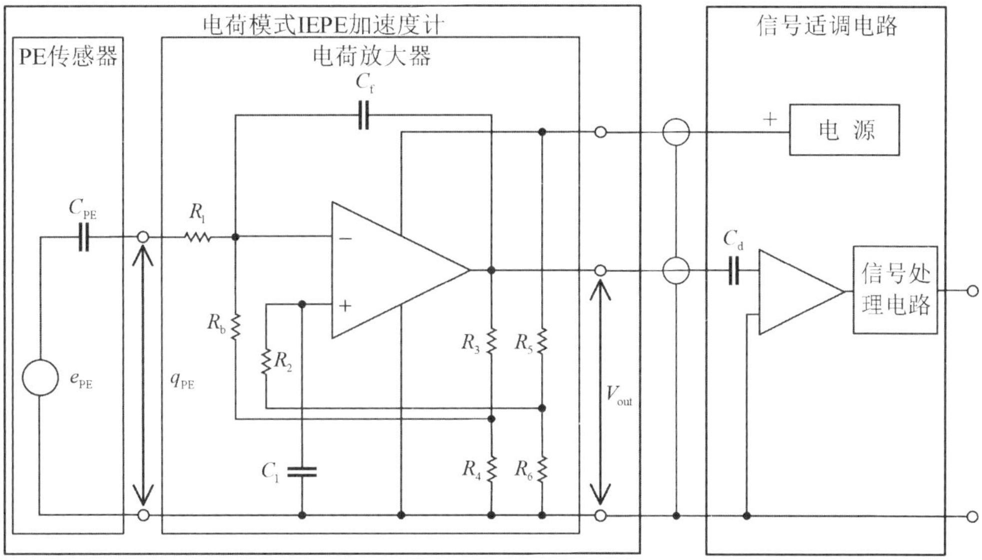

图 3.2　基于集成运算放大器的电荷放大器电路及其与 PE 传感器和信号适调电路的连接方式

图 3.2 与图 3.1 有一定相似之处，只是用 FET 输入集成运算放大器代替了 FET-BJT 放大器电路。在该电路的工作原理图中，为了平衡运算放大器的输入阻抗，增加了 R_2、C_1、R_5 和 R_6 [16]。放大器输入阻抗平衡的好处是在规定的工作温度范围内可保持放大器有相对稳定的工作状态，同时还能起到降低电路噪声的作用。从图中可以看出，该设计选项需要使用三根导线（单电源供电）或四根导线（双电源供电）传送输出信号和工作电源。基于集成运算放大器的电荷放大器电路也有两线制输出设计方案，但电路工作原理相对比较复杂，需要使用比 FET-BJT 电路更多的元器件。此外，与 FET-BJT 技术路线相比，采用集成运算放大器的电路往往有更高的噪声和相对低的工作温度范围，且体积较大。但是，基于集成运算放大器的电路也有其自身的优越性，即运算放大器

有更高的开环增益和能够实现低功耗设计以及更短的预热时间 [17]。例如，目前有商品化的 3 Vdc 供电集成运算放大器，电源电流低至 100 μA，总功耗也只有 300 μW [17]。表 3.1 给出基于 FET-BJT 和基于集成运算放大器的电荷放大器优缺点对比。

表 3.1　基于 FET-BJT 放大器和基于集成运算放大器的电荷放大器优缺点比较

基于 FET-BJT 放大器		基于集成运算放大器	
优点	缺点	优点	缺点
工作原理简单，体积小	通常有更高的功耗（如 24 Vdc，4 mA，功率 96 mW）	低功耗（如 3 Vdc，40 μA，折合功率 120 μW）	工作原理更复杂，体积较大
低噪声	预热时间长（如：3 s）	可设计成更短的预热时间（如：10 ms）	噪声高
更高的工作温度	开环增益较低	更高的开环增益	工作温度较低
采用两线制			需三芯或四芯电缆及接插件
成本低			成本较高

3.1.3　电荷放大器性能指标

3.1.3.1　电荷放大器电荷增益

用电荷增益 G_q 和电压增益 G_v 两个增益参数来描述电荷放大器的输入输出关系。电荷增益 G_q 仅与反馈电容 C_f 有关，为了便于读者阅读，在这里再次将第 1 章式（1.33）引述如下：

$$G_q = \frac{V_{out}}{q_{PE}} = \frac{V_{out}}{e_{PE}C_{PE}} = \frac{G_v}{C_{PE}} = \frac{1}{C_f} \tag{3.1}$$

在式（3.1）中，q_{PE} 表示 PE 传感器输出电荷，V_{out} 代表电荷放大器输出电压。G_q 的惯用工程单位是 mV/pC，并且在规定的参考频率 f_R =100 Hz 进行测量。采用习惯工程单位 mV/pC 时，式（3.1）可用下式表示：

$$G_q\left(\frac{\text{mV}}{\text{pC}}\right) = \frac{1000}{C_f(\text{pF})} \tag{3.2}$$

实际电路的最大电荷增益 $G_{q\max}$ 究竟能达到多高呢？答案是 $G_{q\max}$ 受电路所能采用的最小反馈电容 $C_{f\min}$ 的限制。而 $C_{f\min}$ 与电路的开环增益和分布电容有关。通常，基于 FET-BJT 放大电路的开环增益不可能达到集成运算放大器的水平。新型 FET-BJT 分立件组成的电荷放大器电路的电荷增益可以达到 G_q ≈100 mV/pC 的水平。

3.1.3.2 电荷放大器电压增益

电荷放大器的电压增益G_v用 mV/mV 或 V/V 作为测量单位，也是以 100 Hz 作为参考频率。在此将第 1 章中G_v的表达式（1.32）也引述如下：

$$AR = G_v = \frac{V_{out}}{e_{PE}} = \frac{C_{PE}}{C_f} \tag{3.3}$$

电荷放大器的电压增益G_v是测量电路性能时的关键技术参数，在测试电路性能时，用等于 PE 传感器电容C_{PE}的等效电容串联电压信号源e_{PE}来模拟实际压电传感器。再者G_v也常用于分析放大器噪声。

3.1.3.3 电荷放大器的频率响应

第 1 章式（1.30）给出图 3.1 和图 3.2 所示电荷放大器频率响应的方程，在这里将幅频响应$AR(\omega)$部分引用如下：

$$AR(\omega) = \frac{\omega\tau_{PE}}{\sqrt{(1-\omega^2\tau_f\tau_1)^2 + (\omega\tau_f)^2}} \tag{3.4}$$

在式（3.4）中，三个时间常数定义为：

$$\tau_{PE} = R_{in} \cdot C_{PE}, \quad \tau_f = R_{in} \cdot C_f, \quad \tau_1 = R_1 \cdot C_{PE} \tag{3.5}$$

在这里，R_{in}是放大器的输入电阻：

$$R_{in} = R_b \cdot \frac{R_2 + R_3}{R_3} \tag{3.6}$$

τ_f决定电荷放大器幅频响应特性的−3 dB 低频下限转折频率$f_{L-3\,dB}$：

$$f_{L-3\,dB} = \frac{1}{2\pi\tau_f} = \frac{1}{2\pi\left(R_b \cdot \dfrac{R_2 + R_3}{R_3}\right) \cdot C_f} \tag{3.7}$$

电荷放大器幅频响应特性的−3 dB 高频上限转折频率$f_{U-3\,dB}$取决于τ_1：

$$f_{U-3\,dB} = \frac{1}{2\pi\tau_1} = \frac{1}{2\pi R_1 C_{PE}} \tag{3.8}$$

图 3.3 给出了电荷放大器的典型幅频响应特性曲线。一般电荷放大器电路在 1 Hz～30 kHz 的频率范围内幅频特性曲线比较平坦，相对于参考频率 f_R =100 Hz，幅值偏差一般不超过±5%。图 3.3 所示幅频特性曲线的高频段不存在 R_1C_{PE} 低通滤波器造成的幅值下降，这说明在这个电荷放大器电路中，电阻 $R_1 = 0$。在低频端，幅频特性曲线下降−10%和−3 dB 所对应的频率分别是 0.5 Hz 和 0.25 Hz。为地震加速度计而专门设计的电荷放大电路的低频响应通常会延伸到低于 1 Hz 的范围。例如，第 1 章中的图 1.2 所示 IEPE 地震加速度计中的内装电荷放大器电路的±5%频响范围为 0.007 Hz～20 kHz。

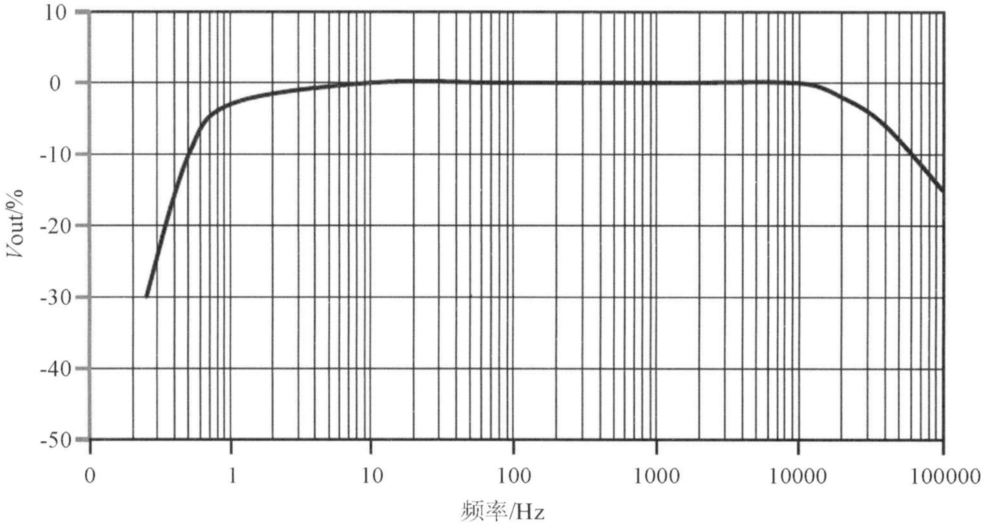

图 3.3　电荷放大器典型幅频响应特性曲线

电荷放大器电路的低频转折频率决定 IEPE 加速度计有同样的幅频响应特性。而在高频段，PE 传感器的谐振会影响 IEPE 加速度计的幅频响应特性。

在这里引用第 1 章式（1.30）电荷放大器相频响应 $PR(\omega)$ 的表达式：

$$PR(\omega) = \arctan\left(\frac{1-\omega^2\tau_f\tau_1}{\omega\tau_f}\right) \tag{3.9}$$

图 3.4 给出了电荷放大器典型相频响应特性示例曲线。

在 1 Hz～10 kHz 的频率范围内，相对于参考频率 f_R，相频响应的典型偏差值通常不超过±5°。电荷放大器有输出与输入反相的特性，因此，为了使传感器以正向输出响应主轴向加速度，必须反极性组装 PE 传感器的压电元件。

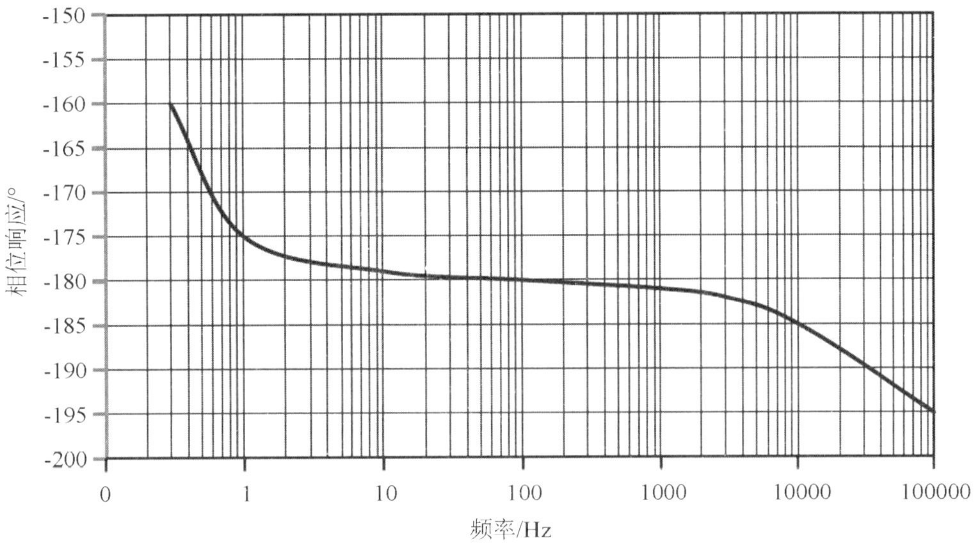

图 3.4 电荷放大器典型相频响应特性曲线

3.2 电压放大器

电压放大器用于电压模式（Voltage Mode）IEPE 加速度计。在 IEPE 传感器中，虽然电压放大器不如电荷放大器使用得多，但也有其独特优点。电压模式电路更易于实现微型结构设计，并且便于采用简单的有源低通和高通滤波器原理，为电压放大器电路增加信号滤波功能。同时电压放大器在工作频带内还有平坦的幅频响应特性（没有电荷模式 IEPE 加速度计存在的每 10 倍频程 2.5%的下降斜率），以及同相输出特性。与电荷放大器电路一样，电压放大器电路也有两种基本设计选项：即基于 FET-BJT 的电压放大器和基于集成运算放大器的电压放大器。

3.2.1 电压放大器电路

图 3.5 给出 FET-BJT 电压放大器的基本电路结构，图中还包括放大器电路与 PE 传感器和信号适调电路的连接方式。图中电压放大器是基于 FET-BJT 直接耦合放大电路，并采用 IEPE 传感器的两线制系统。因为用 FET-BJT 直接耦合原理很难在两线制系统中实现电压放大，所以电压放大器实际是电压增益 $G_v \leqslant 1$ 的源极跟随器电路。第一级常采用 n 沟道 JFET 或 p 沟道 MOSFET，输出级可以是 NPN 或 PNP 双极型晶体管。

在两级电路间可以选择使用附加信号处理电路。电压放大器的增益 G_v 取决于电容分压比 C_{PE} / C_1 和源极跟随器的固有增益 G_{SF}。改变电压放大器输入端电容 C_1 调整传感器的灵敏度。有些电路的 $C_1 = 0$（C_1 被省略），在这种情况，FET 的输入电容应被视作 C_1。由 R_1 和 C_1 组成的输入电路构成低通滤波器，可用于补偿 PE 传感器谐振形成的幅频特性曲线在高频段的上升趋势。当谐振频率远高于加速度计工作频带的上限转折频率时，电阻 R_1 可以省略。

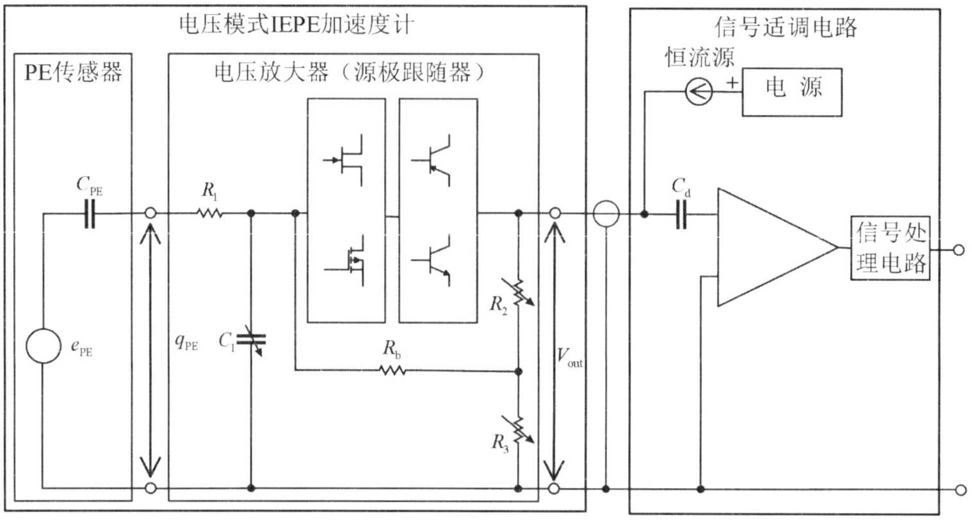

图 3.5　FET-BJT 电压放大器的基本电路结构及其与 PE 传感器和信号适调电路的连接方式

电阻 R_b 和分压电阻 R_2 / R_3 的作用同样是直流负反馈，提供与输出偏置电压 V_B 相关的 FET 偏置电压。通常，由于同一型号 FET 的参数存在一定离散性，同样可通过改变 R_2 和 R_3 的阻值调整每个具体电路的输出偏置电压 V_B。

基于集成运算放大器的电压放大器电路与 FET-BJT 电压放大器有相似的电路结构，唯一的区别就是以运算放大器代替 FET-BJT。但在这个设计选项中，放大器增益 G_v 可以大于 1。

3.2.2　电压放大器性能指标

3.2.2.1　电压放大器增益

图 3.5 所示的基于 FET-BJT 电压放大器增益 G_v 用 mV/mV 或 V/V 作为测量单位，增益 G_v 与电容分压比 C_1 / C_{PE} 和源极跟随器固有增益 G_{SF} 的关系为：

$$G_v = \frac{1}{1+\dfrac{C_1}{C_{PE}}} G_{SF} \tag{3.10}$$

由式（3.10）可看出，因为 $G_{SF}<1$，所以 $G_v<1$。实际上，如果选用输入电容很小的 FET，且 $C_1=0$， $G_{SF}\approx1$ 时，增益的最大值 $G_{v\max}\approx1$。

基于集成运算放大器的电压放大器增益用下式表示：

$$G_{\mathrm{v}} = \frac{1}{1+\dfrac{C_1}{C_{\mathrm{PE}}}} G_{\mathrm{OpAmp}} \tag{3.11}$$

在式中，G_{OpAmp} 是基于集成运算放大器的电压放大器增益，可取 $G_{\mathrm{OpAmp}} > 1$。通常在参考频率 f_{R} =100 Hz 测量电压放大器的增益。

3.2.2.2 电压放大器频率响应特性

电压放大器幅频响应特性的–3 dB 下限转折频率 $f_{\mathrm{L-3dB}}$ 取决于电容（$C_1 + C_{\mathrm{PE}}$）和放大器的输入电阻 R_{in}：

$$f_{\mathrm{L-3dB}} = \frac{1}{2\pi R_{\mathrm{in}}(C_1 + C_{\mathrm{PE}})} \tag{3.12}$$

$$R_{\mathrm{in}} = R_{\mathrm{b}} \cdot \frac{R_2 + R_3}{R_3} \tag{3.13}$$

电压放大器幅频响应特性的–3 dB 高频上限转折频率 $f_{\mathrm{U-3dB}}$ 与电阻 R_1 和电容 $C_1C_{\mathrm{PE}}/(C_1 + C_{\mathrm{PE}})$ 的关系为：

$$f_{\mathrm{U-3dB}} = \frac{1}{2\pi R_1 \dfrac{C_1 C_{\mathrm{PE}}}{C_1 + C_{\mathrm{PE}}}} \tag{3.14}$$

在 $f \leqslant f_{\mathrm{U-3dB}}$ 的低频范围，幅频响应 $AR_1(\omega)$ 和相频响应 $PR_1(\omega)$ 分别为：

$$AR_1(\omega) \cong G_{\mathrm{v}} \cdot \frac{\omega R_{\mathrm{in}}(C_1 + C_{\mathrm{PE}})}{\sqrt{1+\left[\omega R_{\mathrm{in}}(C_1 + C_{\mathrm{PE}})\right]^2}} \tag{3.15}$$

$$PR_1(\omega) \cong \arctan\left[\frac{1}{\omega R_{\mathrm{in}}(C_1 + C_{\mathrm{PE}})}\right] \tag{3.16}$$

在式（3.15）中，G_{v} 代表式（3.11）和式（3.12）对应的源极跟随器或集成运算放大器构成的电压放大器增益。

在 $f \geqslant 3 f_{\text{L-3dB}}$ 的高频范围，电压放大器的频率响应表达式分别为：

$$AR_2(\omega) \cong G_{\text{v}} \cdot \frac{1}{\sqrt{1+\left(\omega R_1 \dfrac{C_1 C_{\text{PE}}}{C_1 + C_{\text{PE}}}\right)^2}} \tag{3.17}$$

$$PR_2(\omega) = \arctan\left(\omega R_1 \frac{C_1 C_{\text{PE}}}{C_1 + C_{\text{PE}}}\right) \tag{3.18}$$

图 3.6 和图 3.7 分别给出电压放大器的幅频响应特性和相频响应特性示例曲线。

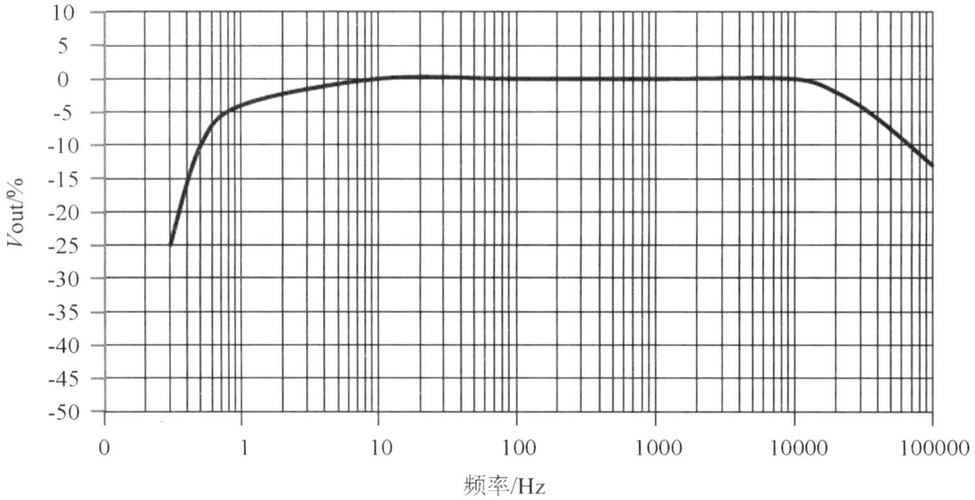

图 3.6　电压放大器幅频响应特性示例曲线

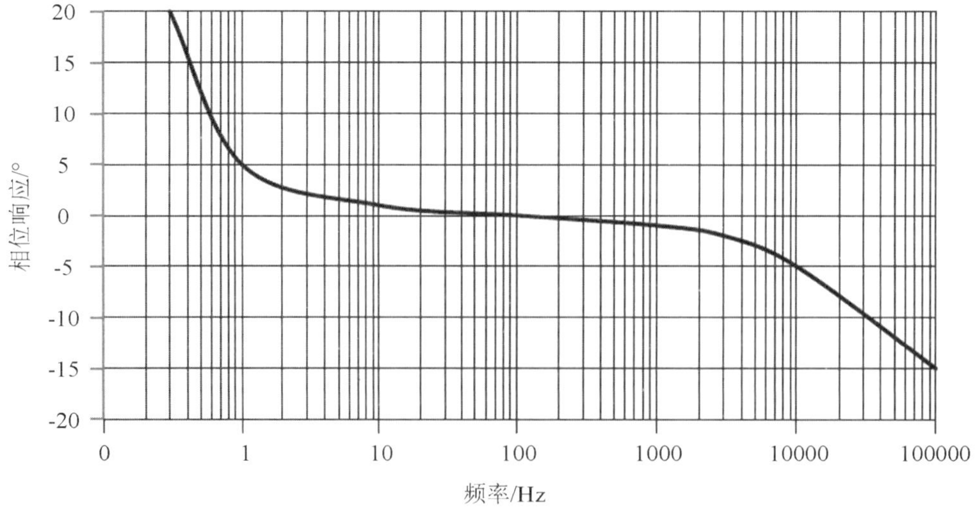

图 3.7　电压放大器相频响应特性示例曲线

从图中可以看出，在 1 Hz～30 kHz 的频率范围内（R_1 被省略），电压放大器的典型幅频特性曲线有良好的平坦性，以 f_R=100 Hz 作为参考频率的幅值偏差小于±5%。与电荷放大器相比，在工作频带内，电压放大器能为 IEPE 传感器提供平坦的幅频响应（没有每 10 倍频程 2.5%的下降斜率），并且输出与输入信号同相位。

表 3.2 给出电荷放大器与电压放大器优缺点的比较。

表 3.2 电荷放大器与电压放大器的优缺点

电荷放大器		电压放大器	
优点	缺点	优点	缺点
采用 FET-BJT 电路可获得较高增益	工作频带内，幅频响应曲线有 2.5%/Dec.的下降斜率	工作频带内，幅频特性曲线有良好的平坦性	采用 FET-BJT 电路只可获得小于 1 的增益
高增益电路可有简单结构	小型化设计不便于增加低通或高通滤波器	小型化设计，从原理上更便于增加低通或高通滤波器	获得高增益需要工作原理更复杂的电路
用小的电路板可实现高增益要求	输入-输出信号反相位	输入-输出信号同相位	获得高增益需用较大电路板
电荷增益与 PE 传感器的电容无关			加速度计灵敏度与 PE 传感器电容有关
用反馈电容能灵活改变增益			FET-BJT 电路增益调节范围受限
本底噪声低			本底噪声较高

3.3 电荷放大器和电压放大器其他性能指标

3.3.1 噪声或本底噪声

在大多数情况下，放大器电路的噪声或本底噪声是 IEPE 加速度计的主要噪声源。有两种测量放大器输出噪声 $V_{n\,out}$ 的方法，同时噪声性能指标也有两种表示方式，分别称为宽带噪声和频谱噪声。宽带噪声以μVrms 或 nVrms 为单位，通常在 1 Hz～10 kHz 或 0.1 Hz～10 kHz 的频带宽度内测量放大电路的噪声。频谱噪声以 1 Hz 作为频带宽度，通常测量频率为 1 Hz、10 Hz、100 Hz、1 kHz、10 kHz 所对应的频谱噪声幅值，以 $\mu V/\sqrt{Hz}$ 或 $nV/\sqrt{Hz}$ 为单位。频谱噪声也被称为噪声电压谱密度。两种噪声的测量均采用在放大器输入端并联与 PE 传感器固有电容 C_{PE} 等效的电容器模拟 PE 传感器。在测量噪声的过程中，放大器置入屏蔽盒内，以避免外界电磁场干扰。图 3.8 给出放大器典型输出频谱噪声 $V_{n\,out}$（单位：$\mu V/\sqrt{Hz}$）。

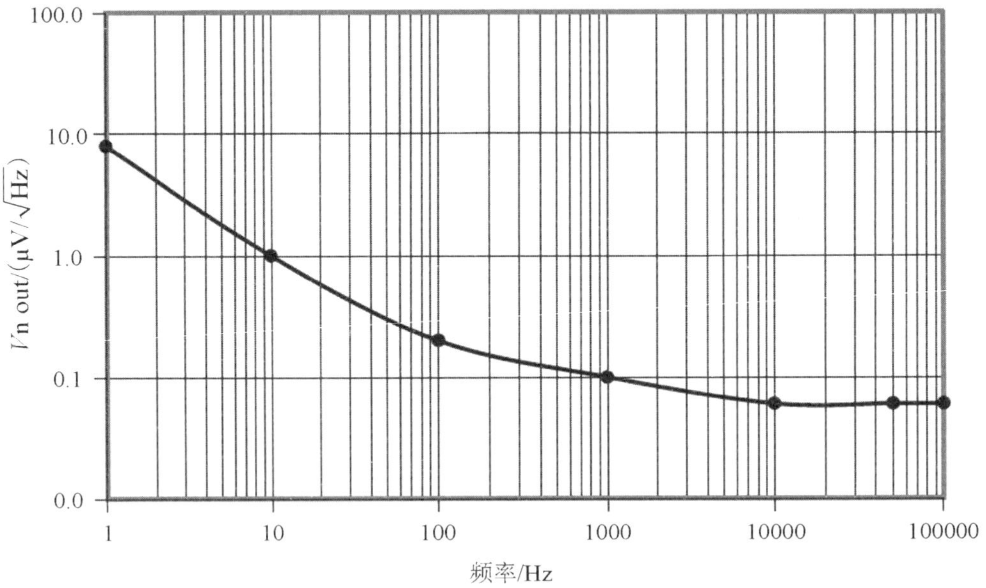

图 3.8　放大器输出典型频谱噪声电压

3.3.2　直流输出偏置电压

直流输出偏置电压 V_B 与放大器的设计原理和供电电压 V_S 有关。并且，V_B 还会随温度变化。大多数 IEPE 传感器采用电源电压 V_S=+（22～30）Vdc，在室温环境 V_B 典型值为 10～13 Vdc，在传感器的整个工作温度内 V_B = 8～16 Vdc。

3.3.3　满量程或最大线性输出电压

满量程或最大线性输出电压 V_{outfs} 指放大器在规定线性指标范围内的最大交流输出电压。在 IEPE 传感器的整个工作温度范围内，FET-BJT 放大器满量程输出电压典型值为 V_{outfs} =±5 Vpk （10 Vpk-pk）。基于运算放大器的电荷或电压放大器电路采用单电源供电时，满量程输出电压约为电源电压的一半，即 $V_{outfs} \approx V_S/2$ 。

3.3.4　增益稳定性

增益稳定性有两个参数，一是增益的温度稳定度 GS_T ，另一个是恒流供电电流增益稳定度 GS_I 。常规 IEPE 传感器在额定工作温度范围内，相对于室温 25 ℃，温度增益稳定度 GS_T ≤±5%。在规定的恒流供电电流范围内电流增益稳定性 GS_I ≤0.05%/mA。

3.3.5 幅值线性度和总谐波失真

幅值线性度 AL 和总谐波失真度 THD 是两个相互关联的性能参数。AL 指放大器在整个动态范围内的线性程度，用动态范围内增益的偏差与增益之比表示：

$$AL = \frac{\Delta G}{G_{\mathrm{M}}} \times 100\,\% \tag{3.19}$$

在式（3.19）中，G_{M} 是在放大器动态范围大约中间点位置的增益。在满量程输出电压和信号小到接近放大器噪声时，AL 有较大的值。多数放大器幅值线性度的典型指标为 $AL \leqslant 1\%$。总谐波失真度 THD 是另一个衡量放大器线性度或非线性度的性能指标参数。THD 定义为：

$$THD = \frac{\sqrt{U_2^2 + U_3^2 + \cdots}}{U_1} \times 100\,\% \tag{3.20}$$

在式（3.20）中，U_1 是放大器在主频 f_1 的输出电压，以主频率给放大器输入信号，通过测量获得 THD 的值。U_2，U_3，…，分别是对应 $f_2 = 2f_1$，$f_3 = 3f_1$，…，即 f_1 的二次、三次…谐波的输出电压。实际上取二次或三次谐波的输出电压就足够了。大多数 IEPE 加速度计中放大器电路总谐波失真度的典型指标为 $THD \leqslant 1\%$。

3.3.6 输入阻抗和输出阻抗

高输入阻抗 R_{in} 和低输出阻抗 R_{out} 是 IEPE 加速度计内装放大器电路的首要特性。高输入阻抗是为了匹配 PE 传感器的高阻抗特性。低输出阻抗是为了采用常规、低成本、长电缆将加速度计输出信号传送到信号适调电路。同时，低输出阻抗 R_{out} 受电磁干扰的影响小，并且对其他由周围环境感应到电缆的干扰和地回路造成的干扰不敏感。对于常规内装放大器电路，这两个参数的典型值为 $R_{\mathrm{in}} \geqslant 5\times10^9\ \Omega$（5 GΩ），$R_{\mathrm{out}} \leqslant 100\ \Omega$。

3.3.7 电源要求：电压源和电流源

FET-BJT 放大器电路的典型供电电压 V_{S}=+（22～30 Vdc），恒流源供电电流 I_{S}=2～20 mA。基于集成运算放大器的放大器电路功耗可以非常低，如 V_{S}=3 Vdc，电源电流 I_{S}=100 μA [17]。

3.3.8 工作温度范围

IEPE 加速度计的工作温度取决于放大器电路的工作温度范围，通常，PE 传感器的工作温度范围往往要宽得多。大多数 IEPE 加速度计的工作温度范围为–55～+（125～130）˚C。最新出现的基于硅半导体技术设计的高温可达 163～185 ℃的放大器电路[18-24]，对 IEPE 加速度计的工作温度有了一定的扩展，本书将在第 9 章专门讨论这类放大器电路。还有一类采用绝缘体上硅（Silicon-on-Insulator，SOI）技术的高温放大器，工作温度能提高到 225 ℃。与基于硅半导体技术的放大器相比，SOI 技术设计的放大器造价较高，且性能指标受限，体积较大。另外，还有能在–196 ℃低温工作的放大器[25]，主要用于开发液氮应用环境的 IEPE 传感器。

3.3.9 电路板尺寸和形状

通常，电路板所占空间与整个 IEPE 加速度计的体积有关。因此，为了实现微型传感器的设计目标，电路板应尽可能的小。放大器电路板可以设计成不同外形和面积。图 3.9 给出了几个 IEPE 内装放大器电路板的实物照片。其中最小的圆形电路板直径只有 4.3 mm，最大的圆形电路板直径为 14 mm。

图 3.9 IEPE 加速度计放大器电路板实物照片

3.4 放大器电路制造工艺、常用元器件和材料

上述放大器均制作成复合电路板，工程上常称为厚膜电路。由于放大器有高输入阻抗的特点，因此电路制作在有高电阻系数的陶瓷基板上。基板上沉积导电材料形成的电路布线，可以焊接元器件或丝键合连接。有源器件（如二极管、晶体管、运算放大器）和无源元件（如电阻和电容）

均为微型贴片封装或采用单颗管芯形式。通常用导电或绝缘环氧树脂胶将元器件安装在电路基板上。有些电路板上的元器件也可以采用焊接工艺。电路板组装完成后用树脂覆盖单颗管芯和丝键合引线，以避免传感器组装过程中受到损害。

3.4.1 电阻元件

电阻元件分成两种类型：薄膜电阻和厚膜电阻。薄膜电阻的阻值范围一般小于 1 MΩ。通常，阻值大于 1 MΩ的电阻属于厚膜电阻。薄膜电阻的特点是有优异的允许误差指标，如±0.1%；良好的稳定性；体积小（0.5×0.5×0.08 mm^3）；温度系数低，如±25 ppm/°C [26]。薄膜电阻材料一般是钽、氮化钽、镍铬合金、钛、金属陶瓷 [26]。镍铬合金电阻的使用温度可超过 200 °C [27]。

厚膜电阻通常成本较低，但没有薄膜电阻那么高的精度和微型结构，高阻值电阻体积更大，阻值精确度也更差。厚膜电阻常用材料有钯银、钌银、氧化钌 [26]。也可以将电阻膜直接沉积在陶瓷基板上制作成厚膜电阻，这样制作的电阻在高温应用中有良好的稳定性，并且可利用激光修整工艺调整电阻阻值 [26]。

3.4.2 电容元件

在厚膜电路板上多数电容元件采用表贴型多层陶瓷芯片电容，用导电树脂安装在陶瓷基板上。最常用电容有两种类型：NPO（COG）和 X7R。NPO 电容的特点是低温度系数（30 ppm/°C），和高绝缘电阻（10 GΩ），以及高工作温度（超过 200 °C）[28]，但 NPO 电容的容量一般≤39 nF。而 X7R 电容有更高的电容值，最高达 10 μF，但温度系数较高，绝缘电阻和工作温度也不如 NPO 电容。两种类型的电容器元件封装规格均在 1.0×0.5～3.2×1.6 mm^2 的范围内。

3.4.3 JFET 和 MOSFET 特性分析与比较

在 FET 输入放大器中究竟是选用 JFET 还是 MOSFET 作为输入级器件，这最终取决于设计者需要实现的具体传感器性能指标。放大电路的性能指标通常包括：频率响应范围、工作温度范围、噪声，以及厚膜电路板的大小。这两种有源器件都有各自的优缺点。

总体上讲，JFET 比 MOSFET 有更低的噪声。此外，JFET 的输入端能承受更高的静电放电（ESD）、电磁干扰（EMI）和其他瞬时冲击电压。确切地讲，JFET 能承受高达 2000V 的脉冲电压，但 JFET 与 MOSFET 相比，通常有更高的栅极漏电流 I_{GSS}，且随温度升高 I_{GSS} 按指数增长 [29-30]。因此，在 125 °C 的温度下 I_{GSS} 比室温高约三个数量级。高栅极漏电流限制了电路中偏置电阻 R_b 的取值。这将对放大器的低频响应性能造成一定程度的限制。此外，通常需要为 JFET 输入放大器电路增加器件和反馈电路，才能实现规定的最高工作温度（125～130 °C）和稳定的电路工作状态，而这些技术手段将使 JFET 输入放大器电路变得更复杂，并占用更大的空间。

MOSFET 自身的噪声较高，且对冲击电压和其他形式的瞬时高压输入比较敏感，必须采用适当的保护电路防止高冲击电压。但与 JFET 相比而言，MOSFET 的特点是具有低栅极漏电流 I_{GSS}，使之更适合高温 IEPE 传感器的设计。通常，在温度达到 125～130 °C 时，MOSFET 输入电路无须附加任何元件和反馈电路来稳定工作点，这使得 MOSFET 输入电路比 JFET 电路更简单，体积更小。表 3.3 给出 JFET 和 MOSFET 性能优缺点比较。

表 3.3　JFET 与 MOSFET 性能优缺点

JFET		MOSFET	
优点	缺点	优点	缺点
低噪声	高栅极漏电流	低栅极漏电流	噪声较高
对瞬时输入电压不敏感（无须输入保护）	高温稳定性较差	高温稳定性良好	对瞬时输入电压敏感（需要输入保护电路）
	电路结构较复杂（温度至 125～130 ℃需要增加元器件稳定工作点）	电路结构较简单（温度至 125～130 ℃无须任何附加元器件稳定工作点）	
良好的抗辐射能力[31]			抗辐射能力较差[31]
	抗低温能力较差	抗低温性能良好[32]	

参考文献

1. (2008) Dynamic test handbook. Shock vibration pressure. Meggitt, Endevco, San Juan Capistrano, CA. https://www.endevco.com/new-2008-endevco-dynamic-test-handbook-provides-complete-resource-for-frequently-needed-data/
2. (2012) Test and measurement product catalog. Meggitt Sensing Systems, Irvine, CA. https://www.endevco.com/resources/catalog/
3. (2011) Test & measurement, sensors & instrumentation catalog. PCB Piezotronics Corp., Depew, NY. http://www.

pcb.com/FlipBookInteractive.aspx#.UsWRhqTxuUk

4. Handbook of piezoelectric accelerometers. Bruel & Kear. http://www.bksv.com/doc/bb0694. pdf
5. (2011) Dytran piezoelectric and DC MEMS sensors for measurement and monitoring, Product catalog. Dytran Instruments, Inc. Chatsworth, CA. http://catalog.dytran.com/
6. Weber M (2013) Instrumentation, Metra Mess- and Frequenztechnic in Radebeul e. K. http://www.new.mmf.de/instrumentation.htm
7. Walter PL (2001) The handbook of dynamic force, pressure and acceleration measurement. Meggitt, Endevco, San Juan Capistrano, CA. http://www.amazon.com/handbook-dynamicpressure-acceleration-measurement/dp/ 0971337004
8. Kulwanoski G, Schnellinger J (2004) The principles of piezoelectric accelerometers. Kistler Instrument Corp. Sensors magazine online. http://www.sensorsmag.com/articles/0204/27/main.shtml
9. Schloss F (1993) Accelerometer noise. Sound Vib 3:22–23
10. Isotron and charge mode piezoelectric accelerometers, pros and cons. Technical paper 320, Meggitt, Endevco Corp. https://www.endevco.com/download-center/
11. Levinzon FA (2005) Noise of piezoelectric accelerometer with integral FET amplifier. IEEE Sens J. doi:10.1109/JSEN.2005.859256
12. Levinzon FA (2006) 175 ℃ silicon-based hybrid charge amplifier for 175 ℃ and 100-mV/g miniature piezoelectric accelerometer. IEEE Sens J. doi:10.1109/JSEN.2006.881437
13. Levinzon FA (2012) Ultra-low-noise seismic piezoelectric accelerometer with integral FET amplifier. IEEE Sens J. doi:10.1109/JSEN.2012.2186564
14. Press release (2009) Endevco debuts ultra-low-noise remote charge converter. http://www.endevco.com/endevco-debuts-ultra-low-noise-remote-charge-converter/
15. Lent B (2009) Simple steps to selecting the right accelerometer. Sensors online magazine. http://www. sensorsmag.com/sensors/content/printContentPopup.jsf?id=586549.
16. (1999) Section 5, High impedance sensors. In: Practical design techniques for sensor signal conditioning. Analog Devices, Norwood, MA. pp 5.2–5.40. http://www.analog.com/static/imported-files/seminars_webcasts/371366216 sscsect5.PDF
17. Low-power, low-voltage accelerometer LPA100T. Specification sheet. Meggitt Sensing Systems, Wilxocon Research. http://www.wilcoxon.com/prodpdf/LPA100T%20spec%20(99187) pdf
18. Isotron® accelerometer model 65HT, specification sheet. Meggitt Sensing Systems, Irvine, CA. https://www.endevco. com/wp-content/uploads/65ht6.pdf
19. (2012) Model 67 Isotron® accelerometer. Meggitt Sensing Systems, Irvine, CA. https://www. endevco.com/ datasheets/67.pdf
20. Triaxial CCLD accelerometer types 4527 and 4527-001. Product Data. B&K. http://www. specman.pt/4527.pdf

21. 4526—CCLD accelerometer. Specifications. http://www.bksv.com/Products/transducers/vibration/ accelerometers/ accelerometers/4526?tab=specifications

22. DJB instruments, Piezo-electric accelerometers—A/123/S. http://www.djbinstruments.com/ products/piezo-electric-accelerometers/mono-axial-integral-electronics/a123s

23. DJB instruments, Piezo-electric accelerometers—A/124/E. http://www.djbinstruments.com/ products /piezo-electric-accelerometers/mono-axial-integral-electronics/a124e

24. PCB piezotronics, model: 356A15. Product specification. http://www.pcb.com/Products.aspx? M=356A15

25. (2014) Model: 351B41. Product specification. PCB piezotronics. http://www.pcb.com/products. aspx?m=351B41#. UscNnqTxuUk. Accessed 3 Jan 2014

26. McCluskey FP, Grzybowski R, Podlesak T (1996) High temperature electronics. CRC, Boca Raton, FL

27. (2010) High temperature (215 ˚C) wirebondable chip resistors and resistor networks. Data sheet. Vishay Sfernice. http://www.vishay.com/doc?99902

28. High temperature ceramic capacitors. Catalog 3500, Rev. L. Presidio Components, Inc. Los Alamitos, CA. http://www.presidiocomponents.com/catalog/HighTempCeramicCapsRevLMarch2014.pdf

29. (1994) Section 7: N-Channel JFETs. In: Low-power discretes data book. Siliconix Inc., Santa Clara, CA, pp 7-1–7-93

30. (1996) Section B, JFET data sheets. In: Semiconductor databook. Vol 3(4). InterFET Corporation, Garland, TX, pp B1–B70

31. Spieler H. Introduction to radiation-resistant semiconductor devices and circuits. Lawrence Berkeley National Laboratory, Berkeley, CA. http://www-physics.lbl.gov/~spieler/radiation_effects/rad_tutor.pdf

32. Torres F et al (1996) Low temperature characterization of CMOS operational amplifier ICs, IEEE. In: Proceedings of the 31st intersociety Energy conversion engineering conference, IECEC 96. ISBN 0-7803-3547-3

第 4 章 FET 放大器的噪声

关键词 转折频率 f_c；等效输入噪声电压；FET 输入放大器：等效噪声电路，JFET 放大器，MOSFET 放大器，噪声分析；FET 的 1/f 噪声：经验关系式；FET 散粒噪声；FET 沟道热噪声；JFET 噪声；胡克（Hooge）经验公式；FET 放大器的噪声；噪声电压谱密度；MOSFET 噪声；α 参数

IEPE 加速度计的噪声是在各种应用中确定加速度计测量微弱振动信号的能力一项重要性能指标[1-5]。对大多数 IEPE 加速度计，就其噪声源来讲，FET 输入放大器的噪声占主导地位，往往远高于来自 PE 传感器和电源的噪声。

在 IEPE 传感器中，FET 输入电荷或电压放大器电路的基本工作原理是共源 FET 放大器。因此，本章重点研究共源 FET 放大器的噪声，详细分析放大器电路中的各种噪声源。在面向常规信号源阻抗进行噪声分析的同时，重点放在共源 FET 放大器连接 PE 传感器电容性信号源阻抗的噪声特性。通过对共源电路的噪声分析，推导出 FET 放大器等效输入噪声电压（Equivalent Input Noise Voltage）v_{nin} 的工程表达式。只要已知 FET 的类型、基本参数、信号源和负载参数，利用噪声表达式即可在宽频带内估算 FET 放大器的噪声。实验表明，在 0.5 Hz～50 kHz 的宽频带内，等效输入噪声电压 v_{nin} 的实测数值与理论计算结果有良好的相关性。噪声分析包含 JFET 和 MOSFET 两种类型器件。

有关 MOSFET 噪声的研究文献比较丰富，但对 JFET 噪声的研究文献却明显不足。并且，多数研究文献集中于探讨 FET 自身噪声源特性。一般说来，FET 自身噪声特性与连接着真实信号源和负载的 FET 放大器噪声还有很大的差距。本章填补了 FET 放大器噪声研究的空白。

4.1 FET 放大器等效噪声电路

图 4.1 和图 4.2 分别给出 JFET 和 MOSFET 共源极放大器电路的工作原理图[6]。在这两个电路中，信号源用电动势为 e_S 串联信号源阻抗 Z_S 的电压源来表示。R_b 是 FET 的偏置电阻，C_{in} 为 FET 的输入电容，R_l 是负载电阻。图 4.1 中的其他元件 R_1、C_1，图 4.2 中的其他元件 R_1、C_1、R_2、R_3、C_2 均为 JFET 和 MOSFET 共源极放大器的典型用法，其作用是保证 FET 的工作点建立在其

输入-输出特性曲线的线性区。两个电路中 R_1C_1 和 $(R_2 \parallel R_3)C_2$ 形成的时间常数均足够大，以保证在 0.5 Hz～50 kHz 的频率范围内电路增益有平坦的频响特性。

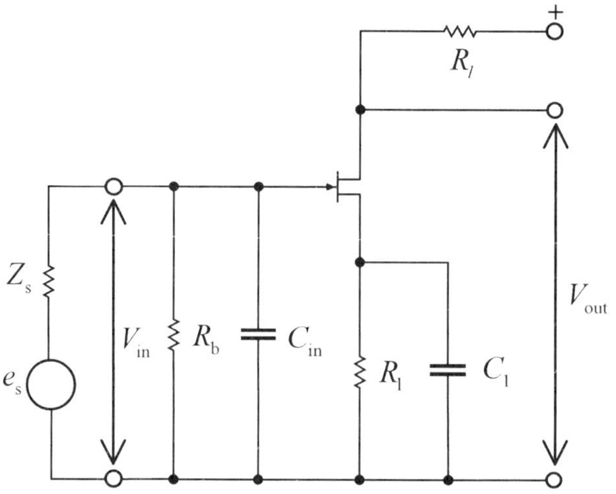

图 4.1　共源 JFET 放大器电路工作原理图

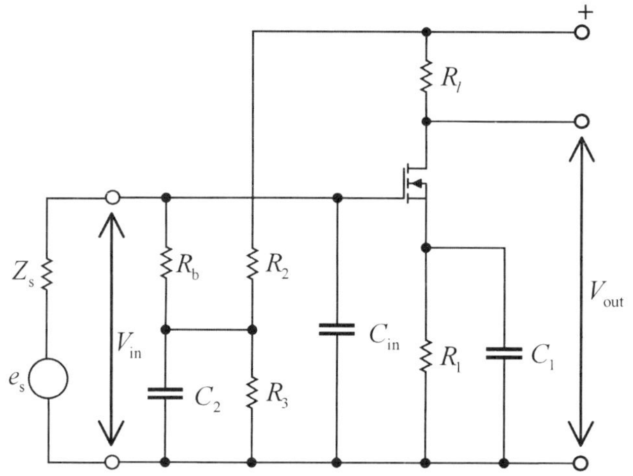

图4.2　共源MOSFET放大器电路工作原理图

图 4.3 给出 FET 放大器等效噪声电路（作者注：JFET 与 MOSFET 放大器有相同的等效噪声电路）[7-9]，图中所有噪声源的量值用噪声电压谱密度（单位：$\mathrm{V}/\sqrt{\mathrm{Hz}}$）或噪声电流谱密度（单位：$\mathrm{A}/\sqrt{\mathrm{Hz}}$）表示。在图 4.3 中，$e_n$ 代表 FET 的总等效输入噪声电压发生器，i_n 代表 FET 的总等效输入噪声电流发生器。总体上讲，e_n 和 i_n 还存在某种程度的相关性 [8, 10]。在图中假设 FET 是理想的无噪声器件。

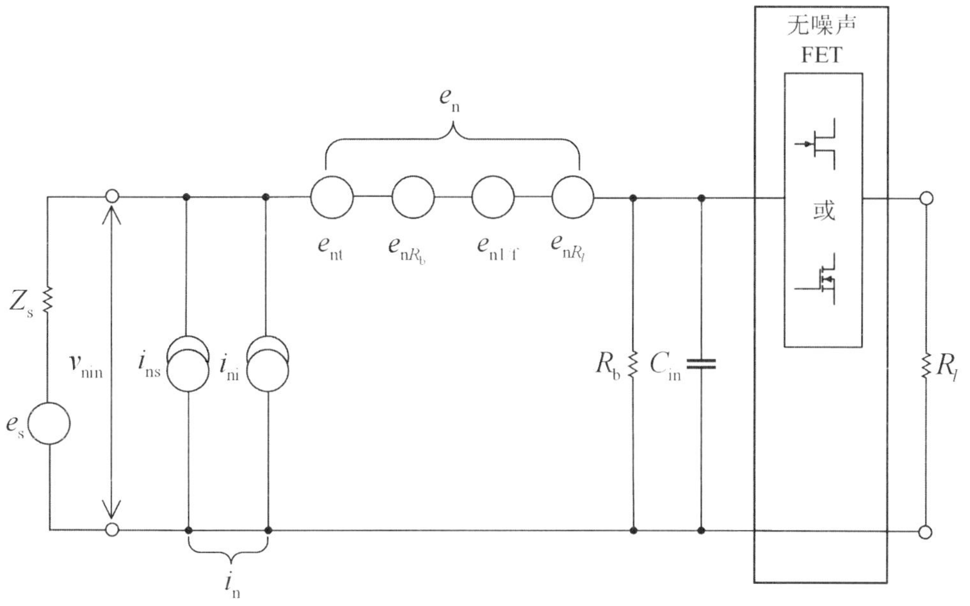

图 4.3 FET 放大器等效噪声电路

在图 4.3 中，v_{nin} 是折合到 FET 输入端的总等效噪声电压：

$$\overline{v_{nin}^2} = \overline{|e_n + v_{nin1}|^2} \tag{4.1}$$

在式（4.1）中，v_{nin1} 是噪声电流 i_n 产生的噪声电压：

$$\overline{v_{nin1}^2} = \overline{i_n^2 |Z|^2} \tag{4.2}$$

$$Z = \left(R_{in} \parallel Z_S \parallel \frac{1}{j\omega C_{in}} \right) = \frac{R_{in} Z_S}{R_{in} + (1 + j\omega R_{in} C_{in}) Z_S} \tag{4.3}$$

在式(4.3)中，R_{in} 是 FET 放大器的输入电阻。对于图 4.1 和图 4.2 所示的放大器，有 $R_{in} = R_b$。对于第 1 章中图 1.22、图 1.23 和图 1.26 所示的 FET 输入电荷或电压放大器，用电阻分压网络 $(R_2 + R_3)/R_3$ 构成的直流反馈电路为 FET 放大器提供直流偏置电压，则输入电阻 R_{in} 为：

$$R_{in} = R_b \cdot \frac{R_2 + R_3}{R_3} \tag{4.4}$$

对于图 4.1 和图 4.2 所示共源 FET 放大器，电路的总输入电容 C_{in} 为 [6]：

$$C_{\text{in}} = C_{\text{gs}} + C_{\text{gd}}(1-G) \tag{4.5}$$

在式中，C_{gs} 是 FET 的栅-源极间电容，C_{gd} 是栅-漏极间电容，G 是放大器的增益：$G = V_{\text{out}} / V_{\text{in}} \approx g_{\text{fs}} R_l$。在这里，$g_{\text{fs}}$ 是 FET 的低频跨导。

根据定义，FET 总等效输入噪声电压 e_{n} 包含下式中互不相关的噪声电压源：

$$\overline{e_{\text{n}}^2} = \overline{\left| e_{\text{nt}} + e_{\text{n}R_{\text{b}}} + e_{\text{n1/f}} + e_{\text{n}R_l} \right|^2} = \overline{e_{\text{nt}}^2} + \overline{e_{\text{n}R_{\text{b}}}^2} + \overline{e_{\text{n1/f}}^2} + \overline{e_{\text{n}R_l}^2} \tag{4.6}$$

在式（4.6）中，e_{nt} 表示 FET 的沟道热噪声；$e_{\text{n}R_{\text{b}}}$ 是 FET 偏置电阻 R_{b} 产生的热噪声；$e_{\text{n1/f}}$ 是 FET 的 1/f 噪声，当频率 $f < f_{\text{c}}$ 时，1/f 噪声高于 FET 沟道热噪声，f_{c} 是 1/f 噪声的转折频率，在该频率点 1/f 噪声等于沟道热噪声；$e_{\text{n}R_l}$ 是负载电阻 R_l 产生的等效 FET 输入热噪声。

总体上看，等效输入噪声电流 i_{n} 包含有两个互不相关的噪声电流源，即：

$$\overline{i_{\text{n}}^2} = \overline{\left| i_{\text{ns}} + i_{\text{ni}} \right|^2} = \overline{i_{\text{ns}}^2} + \overline{i_{\text{ni}}^2} \tag{4.7}$$

在式（4.7）中，i_{ns} 是栅极漏电流 I_{GSS} 形成的散粒噪声。i_{ni} 是由沟道与栅极间电容耦合感应到栅极的高频（≥100 MHz）电流噪声[7]。由于有这个电容耦合效应，栅极噪声电流 i_{n} 与漏极噪声电流 i_{nd} 存在某种程度的相关性，相关系数为：

$$c = \frac{\overline{i_{\text{n}} i_{\text{nd}}}}{\sqrt{\overline{i_{\text{n}}^2} \cdot \overline{i_{\text{nd}}^2}}} \tag{4.8}$$

在式（4.8）中，c 是等效输入噪声电流 i_{n} 与漏极噪声电流 i_{nd} 之间的相关系数。由电子噪声研究先驱 Van der Ziel 首创的相关系数 c 估算公式得出：JFET 和 MOSFET 两种类型 FET 的相关系数 $c \approx 0.4$[7, 8, 10]。相关系数如此之小，可以认为栅极感应噪声电流 $i_{\text{ni}} \approx 0$。因此，式（4.7）和（4.2）可以简化为：

$$\overline{i_{\text{n}}^2} = \overline{i_{\text{ns}}^2}, \quad \overline{v_{\text{nin1}}^2} = \overline{i_{\text{ns}}^2 |Z|^2} \tag{4.9}$$

将式（4.6）中的各项噪声源代入式（4.1），得到折合到FET输入端的总噪声电压表达式：

$$\overline{v_{\text{nin}}^2} = \overline{\left| e_{\text{nt}} + e_{\text{n}R_{\text{b}}} + e_{\text{n1/f}} + e_{\text{n}R_l} + v_{\text{nin1}} \right|^2} = \overline{e_{\text{nt}}^2} + \overline{e_{\text{n}R_{\text{b}}}^2} + \overline{e_{\text{n1/f}}^2} + \overline{e_{\text{n}R_l}^2} + \overline{v_{\text{nin1}}^2} \tag{4.10}$$

根据定义，我们假设式（4.10）中的各项噪声源互不相关。

4.2 FET 放大器噪声源和噪声分析

进行噪声分析的目的是获得折合到 FET 输入端的总等效噪声电压 v_{nin}，并推导出其作为所有噪声源和电路参数的函数表达式。为此，首先需要对式（4.10）所包含的每一个噪声源进行分析。

4.2.1 FET 沟道热噪声

JFET 和 MOSFET 的工作状态相当于受输入电压 V_{gs} 控制的可变电阻。因此 FET 的基础噪声源是沟道热噪声 e_{nt} 。这一点与双极性晶体管和二极管的基础噪声是散粒噪声有本质上的不同。在 FET 的噪声频谱上，e_{nt} 属于白噪声部分。对于实际工作在饱和区的 JFET 和 MOSFET，e_{nt}（$\mathrm{V}/\sqrt{\mathrm{Hz}}$）用热噪声方程表示[7, 10]：

$$\overline{e_{nt}^2} = \frac{\overline{i_{nd}^2}}{g_{fs}^2} = 4k_B T \frac{\Gamma}{g_{fs}} \tag{4.11}$$

在式（4.11）中，k_B 是玻尔兹曼常数（k_B=1.38×10^{-23} J/K），T 是开氏温标表示的绝对温度，Γ 也是常数，对于沟道长度 $L \gg a$（a 是沟道深度）的长沟道 FET，理论值 $\Gamma \approx 2/3$，而短沟道 FET，$\Gamma \approx 0.8$ [11–13]。大多数 JFET 取 $\Gamma \approx 2/3$ 。

对 JFET 而言，沟道热噪声 e_{nt} 是漏极电流 I_D 的函数。在 $V_{GS}=0$，跨导 g_{fs} 有最大值时，漏极电流接近饱和电流 I_{DSS}，沟道热噪声 e_{nt} 较低。但以最大漏极电流作为工作状态未必适合所有设计要求。例如，有时希望放大器在宽温度范围内有稳定的静态工作点。在这种情形，静态漏极电流 I_D 必须接近零温度系数工作点 I_{DZ} [14]：

$$I_{DZ} \approx I_{DSS}\left(\frac{0.63}{V_{GS(off)}}\right)^2 \tag{4.12}$$

在式（4.12）中，$V_{GS(off)}$ 是 JFET 的栅-源夹断电压。

4.2.2 负载电阻产生的热噪声

负载电阻 R_l 的热噪声折合到 FET 输入端的等效噪声电压谱密度 e_{nR_l} 用下式表示：

$$\overline{e_{nR_l}^2} = 4k_B T \frac{1}{g_{fs}^2 R_l} \tag{4.13}$$

为了使负载电阻的热噪声达到可忽略的程度，即其小于沟道热噪声 $\overline{e_{\mathrm{nt}}^2}$（单位：$\mathrm{V^2/Hz}$）的 10%，根据式（4.11）的定义，并取 $\Gamma \approx 2/3$，需要 $R_l > 15/\mathrm{g_{fs}}$，或者说 FET 的电压增益为 $G = g_{\mathrm{fs}}R_l > 15$。

4.2.3 偏置电阻产生的热噪声

偏置电阻 R_b 产生的热噪声 $e_{\mathrm{n}R_\mathrm{b}}$ 与源阻抗 Z_s 有关：

$$\overline{e_{\mathrm{n}R_\mathrm{b}}^2} = 4k_\mathrm{B}T\,\mathrm{Re}\,Z_1 \tag{4.14}$$

$$Z_1 = \frac{R_\mathrm{b}Z_\mathrm{s}}{R_\mathrm{b} + (1 + \mathrm{j}\omega R_\mathrm{b}C_\mathrm{in})Z_\mathrm{s}} \tag{4.15}$$

在式（4.14）中，$\mathrm{Re}\,Z_1$ 是式（4.15）定义的复阻抗 Z_1 的实部。对于 PE 传感器这一类电容性信号源，有 $Z_\mathrm{s} = 1/\mathrm{j}\omega C_\mathrm{s}$，因此，式（4.14）变成：

$$\overline{e_{\mathrm{n}R_\mathrm{b}}^2} = \frac{4k_\mathrm{B}TR_\mathrm{b}}{1 + \left[\omega R_\mathrm{b}(C_\mathrm{s} + C_\mathrm{in})\right]^2} \tag{4.16}$$

在上式中，C_s 是信号源电容。在高于低频下限截止频率的工作频带内，下式成立：

$$\left[\omega R_\mathrm{b}(C_\mathrm{s} + C_\mathrm{in})\right]^2 \gg 1 \tag{4.17}$$

因此，式（4.16）可进一步简化为：

$$\overline{e_{\mathrm{n}R_\mathrm{b}}^2} = \frac{4k_\mathrm{B}T}{R_\mathrm{b}\left[\omega(C_\mathrm{s} + C_\mathrm{in})\right]^2} \tag{4.18}$$

由式（4.18）可以看出，偏置电阻 R_b 的热噪声 $e_{\mathrm{n}R_\mathrm{b}}$（单位：$\mathrm{V}/\sqrt{\mathrm{Hz}}$）与 $\sqrt{R_\mathrm{b}}$，频率 f 和电容（$C_\mathrm{s} + C_\mathrm{in}$）成反比。因此，$e_{\mathrm{n}R_\mathrm{b}}$ 在低频段对放大器的总噪声有实质性贡献，信号源电容值越低，$e_{\mathrm{n}R_\mathrm{b}}$ 所占比重变得更大。根据式（4.18），增大偏置电阻 R_b 的阻值能降低 $e_{\mathrm{n}R_\mathrm{b}}$，但是 R_b 的最高阻值受所选用 FET 器件栅极漏电流的限制。

4.2.4 JFET 和 MOSFET 的 1/f 噪声

1/f 噪声定义了电子电路测量低频小信号的基本阈值 [15]。尽管 1/f 噪声的来源已经讨论了近乎一个世纪，但依然是物理学界悬而未决的问题之一。

目前，有大量有关 MOSFET 的 1/f 噪声实验数据。由于 1/f 噪声受器件材料品质和制造工艺的影响，因此实验结果不可避免地存在很大的离散性。再者，因为器件有复杂的结构，所以很难确切地解释 1/f 噪声实验结果 [16-17]。因此，多数 1/f 噪声的实验研究都以同质金属和半导体材料为样品。

大多数实验研究和提出的物理模型都围绕 MOSFET 展开，而涉及 JFET 的 1/f 噪声研究文献数量有限。众所周知，与 MOSFET 相比，n 沟道 JFET 的 1/f 噪声非常低（在某些情况下比 MOSFET 低 10^3～10^5 倍），且转折频率 f_c 也更低 [18-19]。有关 JFET 与 MOSFET 之间 1/f 噪声差异问题尚需深入研究和解释。

在试图解释 MOSFET 实验数据而提出的几个物理模型中，下面的两个 1/f 噪声模型逐渐成为主流。其一是被称之为 ΔN 噪声的 McWhorter 模型 [20-21]，该模型将 1/f 噪声的来源归因于 MOSFET 栅结渡越区内载流子产生与复合波动造成的自由载流子数量的起伏。其二是被称之为 $\Delta\mu$ 噪声或迁移噪声的模型，认为造成 1/f 噪声的根源是自由载流子迁移中的波动 [16-17]。还有 ΔN 和 $\Delta\mu$ 两个噪声源的统一模型 [21-23]。所有模型都认为 1/f 噪声随器件体积的减小而增大，这一观点已被实验证实 [22-23]。

小功率 MOSFET 的 1/f 噪声还混合着附加的所谓“爆裂”（Popcorn），突发（Burst），或随机电报信号 RTS（Random Telegraph Signal）噪声，在单纯 1/f 噪声的顶端产生洛伦兹谱（Lorentzian Spectrum）分布 [23]。

为了比较不同器件和所用材料的 1/f 噪声水平，通常用胡克（Hooge）经验公式来描述同质半导体的 1/f 噪声。当有电流流过电阻时，电阻的波动导致 1/f 噪声的出现。当给电阻两端加恒定电压时，1/f 噪声产生谱密度为 S_I（单位：A^2/Hz）的电流波动。表示 MOSFET 1/f 噪声的胡克经验公式为 [16-17]：

$$S_I = \frac{\alpha I^2}{Nf} = \frac{\alpha}{f}\frac{I^2}{nWLt} \tag{4.19}$$

在式（4.19）中，f 是频率；N 是自由载流子的总数；I 是流过同质样品的电流；样品长 L、宽 W、厚 t；n 是载流子浓度；α 是无量纲 1/f 噪声参数，其与材料的品质有关，可以作为评价 1/f 噪声的品质因数。对于不同型号 MOSFET 和 JFET，$10^{-9} < \alpha < 10^{-2}$ [17, 23]。

在实际应用中，FET 输入放大器中的 FET 均工作在饱和区，即静态工作点满足：

$$V_{DS} > V_G^*,\quad V_G^* = |V_{GS} - V_T| \tag{4.20}$$

在式中，V_G^* 是栅极的有效电压，V_{DS} 和 V_{GS} 分别是 FET 的漏-源电压和栅-源电压，V_T 是 FET 的阈值电压。在 FET 的饱和区，等效输入 1/f 噪声电压密度可用如下关系式计算 [22]：

$$\overline{e_{n1/f}^2} = \frac{\alpha q V_G^*}{2 C_{in} f} \tag{4.21}$$

在式（4.21）中，q 是电子的电荷量，$q = 1.6 \times 10^{-19}$ C，C_{in} 是 FET 的输入电容。

在 FET 饱和区，1/f 噪声的转折频率 f_c 为 [18]：

$$f_c = \frac{1}{2\pi} \frac{\alpha q g_{fs} V_G^*}{k_B T C_{in}} \tag{4.22}$$

注意，式（4.21）和（4.22）均利用描述 MOSFET 1/f 噪声谱密度的胡克经验公式（4.19）为源头推导而来。参考文献[18]的实验研究证实，1/f 噪声电压谱密度表达式（4.21）和转折频率表达式（4.22）同样适用于 JFET。

通过测量 JFET 和 MOSFET 的 1/f 噪声表明，参数 α 可以作为比较不同型号 JFET 和 MOSFET 的 1/f 噪声品质因数 [18]。通过实验获得 1/f 噪声和转折频率 f_c 的值，利用式（4.21）或（4.22）可以计算 α 的数值。如果想选择低 1/f 噪声的 JFET 或 MOSFET，需要实际测量备选器件的 1/f 噪声。

4.2.5　栅极散粒噪声电流

栅极散粒噪声电流 i_{ns} 的来源是栅极漏电流 I_{GSS}。因此，用谱密度（单位：A^2/Hz）的散粒噪声电流方程来定义 [7, 10]：

$$\overline{i_{ns}^2} = 2 q I_{GSS} \tag{4.23}$$

散粒噪声电流 i_{ns} 是与 FET 的其他噪声源不相关的白噪声。根据式（4.9），该噪声电流在 FET 输入端形成等效噪声电压谱密度 v_{nin1}（单位：V^2/Hz）：

$$\overline{v_{nin1}^2} = 2 q I_{GSS} |Z|^2 = 2 q I_{GSS} \left| \frac{R_{in} Z_s}{R_{in} + (1 + j\omega R_{in} C_{in}) Z_s} \right|^2 \tag{4.24}$$

对于电容性信号源，$Z_s = 1/ j\omega C_s$，上式（4.24）可变形为：

$$\overline{v_{\text{nin1}}^2} = 2qI_{\text{GSS}} \frac{R_{\text{in}}^2}{1 + \left[\omega R_{\text{in}}(C_{\text{s}} + C_{\text{in}})\right]^2} \tag{4.25}$$

通常，在 IEPE 电荷和电压放大器的工作频带内，满足如下不等式的条件，即：

$$\left[\omega R_{\text{in}}(C_{\text{s}} + C_{\text{in}})\right]^2 \gg 1 \tag{4.26}$$

则式（4.25）可简化为：

$$\overline{v_{\text{nin1}}^2} = 2qI_{\text{GSS}} \frac{1}{\left[\omega(C_{\text{s}} + C_{\text{in}})\right]^2} \tag{4.27}$$

由式（4.27）可以看出，对于电容性信号源，栅极散粒噪声产生的噪声电压 v_{nin1}（$\text{V}/\sqrt{\text{Hz}}$）与电容（$C_{\text{s}} + C_{\text{in}}$）和频率 f 成反比。

有些研究者认为，由于 FET 的栅极漏电流 I_{GSS} 非常小，与 FET 的沟道热噪声和 1/f 噪声相比，所谓散粒噪声可以忽略不计。如果信号源的阻抗 Z_{S} 很低，这个论断正确无疑。但对于 PE 传感器这一类高阻抗信号源，在低频段就不能忽略该噪声。例如：实测 2N4338 型低噪声 JFET，$I_{\text{GSS}} \approx 10^{-12}\ \text{A}$，$i_{\text{ns}} \approx 6\times10^{-16}\ \text{A}/\sqrt{\text{Hz}}$，$R_{\text{in}} = 10^{10}\ \Omega$，$C_{\text{s}} \approx C_{\text{in}} \approx 100\ \text{pF}$，在频率 1 Hz 时，$v_{\text{nin1}} \approx 450\ \text{nV}/\sqrt{\text{Hz}}$；对应频率 10 Hz 时，$v_{\text{nin1}} \approx 45\ \text{nV}/\sqrt{\text{Hz}}$。显然，达到如此量级的噪声幅值已超过其他噪声源，或者说与其他噪声源有可比性。

4.2.6 折合到 FET 输入端的总等效噪声电压

现在可以将表示不同噪声源的式（4.11）、（4.13）、（4.14）、（4.21）和（4.24）代入式（4.10），得到折合到 FET 输入端的总等效噪声电压谱密度表达式：

$$\overline{v_{\text{nin}}^2} = 4k_{\text{B}}T\left(\frac{\Gamma}{g_{\text{fs}}} + \frac{1}{g_{\text{fs}}^2 R_l} + \text{Re}\,Z_1\right) + \frac{\alpha q V_{\text{G}}^*}{2C_{\text{in}} f} + 2qI_{\text{GSS}}|Z|^2 \tag{4.28}$$

当放大器输入信号来自电容性信号源，式（4.28）变成：

$$\overline{v_{\text{nin}}^2} = 4k_{\text{B}}T\left(\frac{\Gamma}{g_{\text{fs}}} + \frac{1}{g_{\text{fs}}^2 R_l} + \frac{R_{\text{b}}}{1 + \left[\omega R_{\text{b}}(C_{\text{s}} + C_{\text{in}})\right]^2}\right) + \frac{\alpha q V_{\text{G}}^*}{2C_{\text{in}} f} + 2qI_{\text{GSS}} \frac{R_{\text{in}}^2}{1 + \left[\omega R_{\text{in}}(C_{\text{s}} + C_{\text{in}})\right]^2} \tag{4.29}$$

如果式（4.17）和式（4.26）两个不等式条件成立，则式（4.29）可改写为：

$$\overline{v_{\mathrm{nin}}^{2}}=4k_{\mathrm{B}}T\left(\frac{\Gamma}{g_{\mathrm{fs}}}+\frac{1}{g_{\mathrm{fs}}^{2}R_{l}}+\frac{1}{R_{\mathrm{b}}\left[\omega(C_{\mathrm{s}}+C_{\mathrm{in}})\right]^{2}}\right)+\frac{\alpha qV_{\mathrm{G}}^{*}}{2C_{\mathrm{in}}f}+2qI_{\mathrm{GSS}}\frac{1}{\left[\omega(C_{\mathrm{s}}+C_{\mathrm{in}})\right]^{2}} \tag{4.30}$$

在式（4.28）、（4.29）和（4.30）中，方程式右边的第一项表征 FET 的沟道热噪声 e_{nt}，第二项定义放大器负载电阻 R_l 产生的噪声 $e_{\mathrm{n}R_l}$，第三项是偏置电阻 R_{b} 的热噪声 $e_{\mathrm{n}R_{\mathrm{b}}}$，第四项描述 1/f 噪声 $e_{\mathrm{n1/f}}$，最后一项表示栅极散粒噪声 v_{nin1}。

根据方程式（4.28）、（4.29）和（4.30），在设计实践中，利用 FET 参数 g_{fs}、C_{in}、I_{GSS}，信号源阻抗 C_{s}，负载电阻 R_l 和 1/f 噪声 $e_{\mathrm{n1/f}}$ 的实测值，可以在宽频带内估算 FET 放大器的等效输入噪声电压。

4.2.7 实际举例

估算图 4.1 所示放大器的等效噪声电压谱密度 v_{nin}，图中的 JFET 为有低噪声特性的 2N4338，输入信号来自电容性信号源。在 f=1 Hz 和 1 kHz 两个频率点上，用式（4.29）和（4.30）计算 v_{nin}。

下面是 JFET 的具体参数，信号源参数和负载电阻阻值：$g_{\mathrm{fs}}=1\,\mathrm{mS}$，$I_{\mathrm{GSS}}=10^{-12}\,\mathrm{A}$，$C_{\mathrm{gd}}=2\,\mathrm{pF}$，$C_{\mathrm{gs}}=5\,\mathrm{pF}$，$R_{\mathrm{b}}=R_{\mathrm{in}}=10^{10}\,\Omega$，$R_l=39\,\mathrm{k\Omega}$，$T$=300 K，$G$=40，$C_{\mathrm{s}}\approx C_{\mathrm{in}}=100\,\mathrm{pF}$，$\Gamma\approx 2/3$，$G=g_{\mathrm{fs}}R_l\approx 40$。对于 1/f 噪声，将以 2N4338 的实测值为准。

依据以上已知参数，可得出下列结果：

A. $f=1\,\mathrm{Hz}$，$\left[\omega R_{\mathrm{in}}(C_{\mathrm{s}}+C_{\mathrm{in}})\right]^{2}\gg 1$，$\left[\omega R_{\mathrm{b}}(C_{\mathrm{s}}+C_{\mathrm{in}})\right]^{2}\gg 1$，$e_{\mathrm{nt}}\approx 3.3\dfrac{\mathrm{nV}}{\sqrt{\mathrm{Hz}}}$，

$e_{\mathrm{n}R_l}\approx 0.04\dfrac{\mathrm{nV}}{\sqrt{\mathrm{Hz}}}$，$e_{\mathrm{n}R_{\mathrm{b}}}\approx 1000\dfrac{\mathrm{nV}}{\sqrt{\mathrm{Hz}}}$，$e_{\mathrm{n1/f}}\approx 27\dfrac{\mathrm{nV}}{\sqrt{\mathrm{Hz}}}$，$v_{\mathrm{nin1}}\approx 450\dfrac{\mathrm{nV}}{\sqrt{\mathrm{Hz}}}$，

$v_{\mathrm{nin}}\approx 1000\dfrac{\mathrm{nV}}{\sqrt{\mathrm{Hz}}}$。

从以上计算结果可以看出，在频率等于 1 Hz 时，放大器噪声主要取决于偏置电阻 R_{b} 产生的热噪声 $e_{\mathrm{n}R_{\mathrm{b}}}$。

B. $f=1\,\mathrm{kHz}$，$\left[\omega R_{\mathrm{in}}(C_{\mathrm{s}}+C_{\mathrm{in}})\right]^{2}\gg 1$，$\left[\omega R_{\mathrm{b}}(C_{\mathrm{s}}+C_{\mathrm{in}})\right]^{2}\gg 1$，$e_{\mathrm{nt}}\approx 3.3\dfrac{\mathrm{nV}}{\sqrt{\mathrm{Hz}}}$，

$$e_{nR_f} \approx 0.04\frac{\text{nV}}{\sqrt{\text{Hz}}},\quad e_{nR_b} \approx 1\frac{\text{nV}}{\sqrt{\text{Hz}}},\quad e_{n1/f} \approx 0,\quad v_{nin1} \approx 0.45\frac{\text{nV}}{\sqrt{\text{Hz}}},$$

$$v_{nin} \approx 3.3\frac{\text{nV}}{\sqrt{\text{Hz}}}。$$

由此可以得出，当频率为 1 kHz 时，该放大器噪声主要取决于 JFET 的沟道热噪声 e_{nt}。

4.2.8 理论值和实验数据的比较

假设放大器输入为电容性信号源，在室温环境下测量 0.5 Hz～50 kHz 频带范围内共源 FET 放大器的等效输入噪声电压谱密度 v_{nin}（单位：nV/$\sqrt{\text{Hz}}$）。选用低噪声 JFET 2N4338 作为放大器的有源器件，用 HP3562 型动态信号分析仪在放大器的输出端测量噪声电压谱密度。在放大器的输入端并联 C_s=100 pF 的等效电容，在放大器输出和分析仪输入之间附加有足够高增益的低噪声放大器，以保证可忽略分析仪的噪声贡献。

图 4.4 给出等效输入噪声电压谱密度 v_{nin} 的实测噪声曲线（曲线 1）和理论噪声曲线（曲线 2）。此外图中还给出不同噪声源的理论噪声曲线，曲线 3 是沟道热噪声电压 e_{nt}，曲线 4 是偏置电阻 R_b 的热噪声电压 e_{nR_b}，曲线 5 代表栅极电路的散粒噪声电流造成的噪声电压 v_{nin1}。曲线 6 是实测的 1/f 噪声的噪声电压谱密度 $e_{n1/f}$。

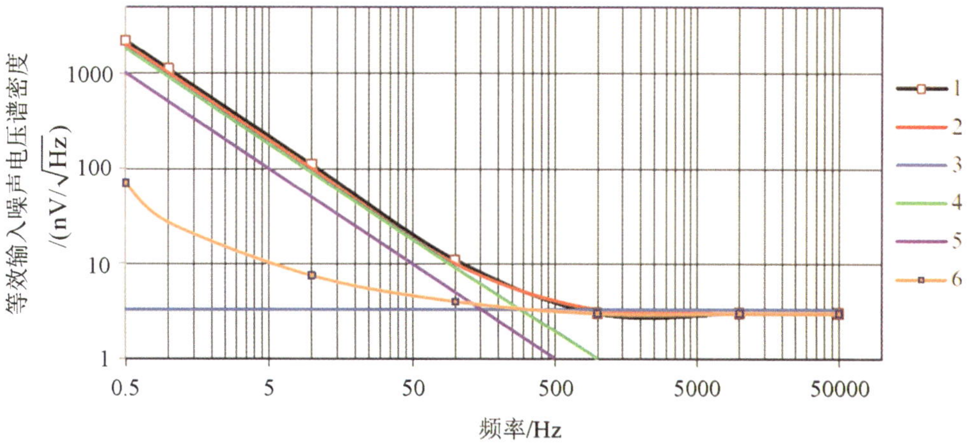

图 4.4　FET 放大器等效输入噪声电压谱密度的实验曲线（1,6）和理论曲线（2,3,4,5）：曲线 1 和 2 表示总噪声 v_{nin}，曲线 3 是 JFET 的沟道热噪声 e_{nt}，曲线 4 是偏置电阻 R_b 产生的热噪声 e_{nR_b}，曲线 5 表示栅极电路中散粒噪声电流形成的噪声电压 v_{nin1}，曲线 6 则是 JFET 的 1/f 噪声 $e_{n1/f}$

从图 4.4 可以看出，等效输入噪声电压谱密度实验数据（曲线 1）和理论数据（曲线 2）有良好的相关性。在 $f \leqslant 100$ Hz 的低频范围内，偏置电阻 R_b 产生的噪声 e_{nR_b} 对总噪声的贡献占主导地位。在 $f \geqslant 500$ Hz 的频带上，总噪声水平主要取决于 FET 的沟道热噪声 e_{nt}。在 100 Hz $< f <$ 500 Hz 这个频段内，e_{nt} 和 e_{nR_b} 对总噪声的贡献相当；噪声电压 e_{nR_b} 和散粒噪声电流在栅极电路形成的噪声电压 v_{nin1} 均与频率成反比；噪声电压 v_{nin1} 的值比噪声电压 e_{nR_b} 约小两倍。

4.2.9　JFET 2N4338 的 1/f 噪声和沟道热噪声测量结果

图 4.5 给出 JFET 2N4338 在 0.5 Hz～50 kHz 频率范围内 1/f 噪声与沟道热噪声相结合的等效输入噪声电压谱密度实验曲线（曲线 1），以及沟道热噪声的理论曲线（曲线 2）。在这个实验中，将输入端短路（e_s=0，Z_s=0）来代替原本用电压源 e_s 串联阻抗 Z_s 的信号源。JFET 工作在饱和区。为不给实验电路增加噪声源，尽可能选用了噪声可忽略的其他电路元件，以突出 JFET 的 1/f 噪声和沟道热噪声。

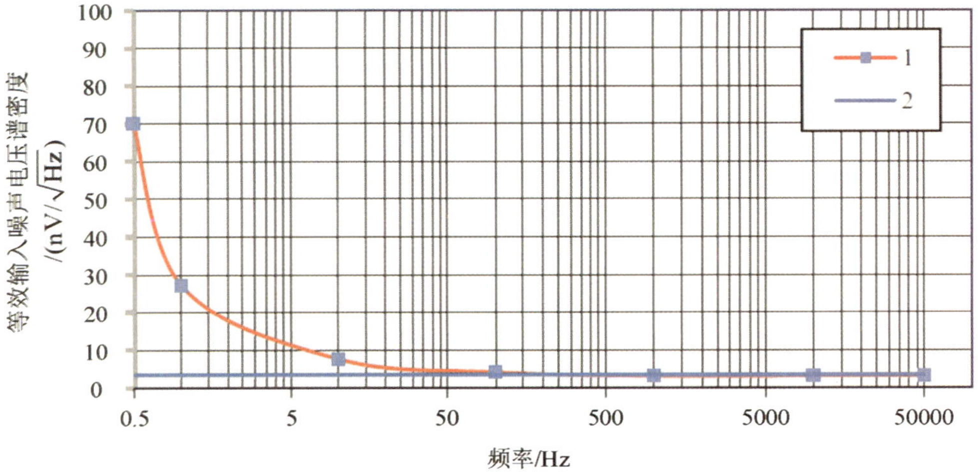

图 4.5　JFET 2N4338 等效输入噪声电压谱密度实验曲线（1）和理论曲线（2）：曲线 1 是 1/f 噪声和沟道热噪声相结合，曲线 2 是沟道热噪声

对应频率 f=0.5，1，10，100 和≥1000 Hz，实验用 JFET 的 1/f 噪声 $e_{n1/f}$ 和沟道热噪声 e_{nt} 相结合的噪声电压实测值分别为 70，30，8，4，3 nV/$\sqrt{\text{Hz}}$，1/f 噪声的转折频率 $f_c \approx 100$ Hz。在 1 Hz $< f < f_c$ 的频段内，1/f 噪声的实验谱密度值 $e_{n1/f}$ 与 $\sqrt{f}$ 成反比，这恰好对应纯 1/f 噪声谱。当频率低于 1 Hz，噪声的上升斜率比预期纯 1/f 噪声更陡峭，表明 1/f 噪声在 $f <$1 Hz 的频率范围内，有其他噪声源掺杂其中。这个附加噪声可能来自 JFET 和电路中其他元件参数的温度飘移，从而导致放大器增益在 $f <$1 Hz 时的增益飘移。

在 $f \leqslant 10$ Hz 的频率范围内，1/f 噪声电压 $e_{n1/f}$ 大于沟道热噪声电压 e_{nt}。当 $f > 100$ Hz，沟道热噪声则超过 1/f 噪声。在 10 Hz $< f < f_c$ 的这一个频段，1/f 噪声和沟道热噪声对总噪声的贡献不相上下。利用式（4.11），取 $\Gamma \approx 2/3$，得到的热噪声理论值与实测值有良好的一致性。根据 1/f 噪声测量结果并利用式（4.21），计算出 $\alpha \approx 3 \times 10^{-6}$。然后使用该 α 值利用式（4.22）计算转折频率 f_c，计算得出 $f_c \approx 100$ Hz，该理论计算值与实验获得的实测值一致。由此可以证明，基于 MOSFET 推导出的式（4.21）和式（4.22）对 JFET 同样有效。

参考文献

1. (2008) Dynamic test handbook. Shock vibration pressure. Meggitt, Endevco, San JuanCapistrano, CA. https://www.endevco.com/new-2008-endevco-dynamic-test-handbookprovides-complete-resource-for-frequently-needed-data/
2. (2012) Test and measurement product catalog. Meggitt Sensing Systems, Irvine, CA. https://www.endevco.com/resources/catalog/
3. (2011) Test & measurement, sensors & instrumentation catalog. PCB Piezotronics Corp., Depew, NY. http://www.pcb.com/FlipBookInteractive.aspx#.UsWRhqTxuUk
4. Handbook of piezoelectric accelerometers, B&K. http://www.bksv.com/doc/bb0694.pdf.
5. (2011) Dytran piezoelectric and DC MEMS sensors for measurement and monitoring, Product catalog . Dytran Instruments, Inc. Chatsworth, CA. http://catalog.dytran.com/
6. Sevin LJ (1965) Field-effect transistors. McGraw-Hill, New York
7. Van der Ziel A (1970) Noise, sources, characteristics, measurement. Prentice-Hall, Englewood Cliffs, NJ
8. Van der Ziel A (1970) Noise in solid-state devices and lasers. Proc IEEE 58(8):1178–1206
9. Levinzon FA (2000) Noise of JFET amplifier. IEEE Trans Biomed Circuits Syst 47(7): 981–985
10. Cobbold RSC (1970) Noise in field-effect transistors, ch 9. In: Cobbold RSC (ed) Theory and Applications of field-effect transistors. Wiley-Intersience, New York, pp 305–355
11. Scholten AJ et al (2003) Noise modeling for RF CMOS circuit simulation. IEEE Trans Electron Devices 50:618–632
12. Jindal RP (2006) Compact noise model for MOSFETs. IEEE Trans Electron Devices 53: 2051–2061
13. Li Z et al (2009) Compact channel noise models for deep-submicron MOSFETs. IEEE Trans Electron Devices 56:1300–1308

14. Lenk JD (1974) Handbook of electronic components and circuits. Prentice-Hall, Englewood Cliffs, NJ

15. Van der Ziel A (1988) Unified presentation of 1/f noise in electronic devices: Fundamental 1/f noise sources. Proc IEEE 76:233–258

16. Hooge FN (1994) 1/f noise sources. IEEE Trans Electron Devices 41:1926–1935

17. Hooge FN, Kleinpenning TGM, Vandamme LKJ (1981) Experimental studies on 1/f noise. Rep Prog Phys 44:479–532

18. Levinzon FA, Vandamme LKJ (2011) Comparison of 1/f noise in JFETs and MOSFETs withseveral figures of merit, fluctuation and noise letters. World Scientific 10(4):447–465

19. Levinzon FA (2005) Measurement of low-frequency noise of modern low-noise junction field effect transistors. IEEE Trans Instrum Meas 54(6):2427–2432

20. Jayaraman R, Sodini CG (1989) A 1/f noise technique to extract the oxide trap density near condition band edge of silicon, IEEE Trans. Electron Devices 36:1773–1782

21. Hung PK et al (1990) A unified model for the flicker noise in metal-oxide-semiconductor field effect transistors. IEEE Trans Electron Devices 37:654–665

22. Vandamme LKJ, Li X, Rigaud D (1994) 1/f noise in MOS devices, mobility or number fluctuations? IEEE Trans Electron Devices 41:1936–1945

23. Vandamme LKJ, Hooge FN (2008) What do we certainly know about 1/f noise in MOSTs? IEEE Trans Electron Devices 55:3070–3085

第 5 章 JFET 和 MOSFET 的 1/f 噪声和沟道热噪声

关键词 JFET 和 MOSFET 的 1/f 噪声和沟道热噪声；n 沟道 JFET，n 沟道 MOSFET 和 p 沟道 MOSFET 的 1/f 噪声和沟道热噪声；转折频率 f_c；低噪声测量系统；测量 FET 的噪声；参数 α；测量 FET 噪声前置放大器；超低噪声 JFET

JFET 和 MOSFET 是 IEPE 电荷和电压放大器输入级常用有源器件。有源器件的参数，尤其是噪声参数是影响放大器性能和整个传感器性能的关键因素。在大多数 IEPE 加速度计中，放大器噪声起主导作用，大于 PE 传感器噪声。放大器的噪声有几个主要来源，而其中 FET 的固有噪声又起着重要作用，该噪声成为所有类型 FET 放大器电路的基本噪声限度。FET 的固有噪声包含两个噪声源，分别是 1/f 噪声和沟道热噪声。本章给出在 0.1 Hz～100 kHz 频率范围内，不同型号 n 沟道 JFET、n 沟道 MOSFET 和 p 沟道 MOSFET 的 1/f 噪声和沟道热噪声测量结果和对比。本章内容是作者对 FET 的 1/f 噪声和沟道热噪声实验研究工作的进一步深入 [1-3]。为了和过去的工作进行比较，选取了更多型号的 FET 样品进行测量，给出更详尽的噪声测量系统信息，并获得了更丰富的测量结果。

5.1 JFET 和 MOSFET 的 1/f 噪声和沟道热噪声

FET 的 1/f 噪声和沟道热噪声数据是设计 IEPE 传感器的重要信息，对低噪声 IEPE 传感器的设计更是不可或缺的依据。在 $f \leqslant f_c$ 的频率范围，1/f 噪声超过沟道热噪声而占有主导地位，在这里，f_c 是 1/f 噪声等于沟道热噪声的转折点频率。在 $f > f_c$ 的频率范围，FET 固有噪声几乎全部属于沟道热噪声。

FET 的沟道热噪声可由第 4 章 FET 热噪声方程式（4.11）定义，只要已知 FET 的跨导 g_{fs}，即可估算 FET 沟道热噪声数值 [4-5]。但是，至今尚无与热方程相类似的评价 1/f 噪声的数学表达式。1/f 噪声的确切来源至今依然是电子技术和物理学尚未解决的问题之一。因此，也就没有任何理论支持基于 FET 参数来估算 1/f 噪声。第 4 章论述的胡克（Hooge）经验公式（4.19）和据之推导出的 1/f 表达式（4.21），以及转折频率 f_c 表达式（4.22）源于同质半导体的纯 1/f 噪声（不混合任何附加噪声源，如随机电报信号噪声）[6-8]。因为在这些表达式中包含预先未知的与 FET

构造无关的参数α，因此，这些表达式不可能用来估算 1/f 噪声和转折频率f_c的值。所以，唯一可能的方法是实际测量每个型号 FET 的 1/f 噪声，从实测结果判定转折频率f_c和α参数。

令人遗憾的是，用于 IEPE 传感器 FET 器件 1/f 噪声和转折频率f_c的研究文献非常少。通常，JFET 的数据表只给出单一频率f = 1 kHz 的噪声数值或等效输入噪声电压值，只有部分器件给出f = 10 Hz 的噪声 [9-18]。1 kHz 的频率已经超出多种新型 JFET 的 1/f 噪声频率范围。有些 JFET 数据表含有噪声谱图，但这些谱图有严格的频率限制，通常限定为$f \geqslant$10 Hz，且仅在规定的静态工作点有效（也就是有规定的漏极电流I_D和漏-源电压V_{DS}）[9-10, 13-14]。而 MOSFET 则根本没有任何噪声指标 [11-12, 15-18]。没有任何制造商考虑 1/f 噪声的测量问题，因为他们不想在测量 1/f 噪声上花费宝贵的时间。

5.2 JFET 和 MOSFET 的 1/f 噪声和沟道热噪声低噪声测量系统

新型超低噪声 JFET 在 1 Hz 的等效输入噪声电压谱密度e_n只有数个 nV/$\sqrt{\text{Hz}}$，在$f \geqslant$100 Hz 范围小于 1 nV/$\sqrt{\text{Hz}}$ [1-3, 10]。只有专用低噪声测量系统才能够在如此低的频率测量如此低的 FET 噪声。为了测量包含超低噪声 JFET 的 JFET 和 MOSFET 的 1/f 噪声和沟道热噪声，作者专门研制了低噪声测量系统。

该测量系统与作者相关研究论文所描述的 FET 噪声测量系统相类似 [1-3]。在这里给出的系统能在 0.1 Hz～100 kHz 的频率范围内，测量 n 沟道 JFET、n 沟道 MOSFET 和 p 沟道 MOSFET 的等效输入 1/f 噪声和沟道热噪声的电压谱密度e_n。

图 5.1 给出该测量系统的工作原理图。系统由包含被测 FET 的前置放大器、低噪声主放大器，以及 HP3562A 动态信号分析仪组成。信号分析仪测量主放大器输出的噪声谱。系统的−3 dB 频率响应范围为 0.07 Hz～110 kHz。

5.2.1 前置放大器

作为第一级电路，通常采用共源 FET 前置放大器。根据被测 FET 的不同类型，前置放大器共有三种电路结构，分别是基于 n 沟道 JFET、n 沟道 MOSFET 和 p 沟道 MOSFET 构成的共源极前置放大器。

在图 5.1 中，e_s是测量放大器电压增益的信号源，在进行测量噪声时放大器输入端对地短路（e_s=0）。e_n是等效输入电压谱密度（单位：nV/$\sqrt{\text{Hz}}$），包含 FET 的 1/f 噪声和热噪声两种成分。假定 FET 放大器是理想的无噪声放大器，而其他噪声源的贡献，诸如偏置电阻的热噪声和栅极散粒电流在栅极形成的散粒噪声电压均不予考虑，因为在整个测量频带内被测 FET 的 1/f 噪声和热噪声占主导地位。用 NiCd 可充电电池为前置放大器提供工作电源。为了减轻环境噪声的影响，前置放大器和主放大器分别置于金属屏蔽盒内，两个屏蔽盒间有良好的温度隔离。

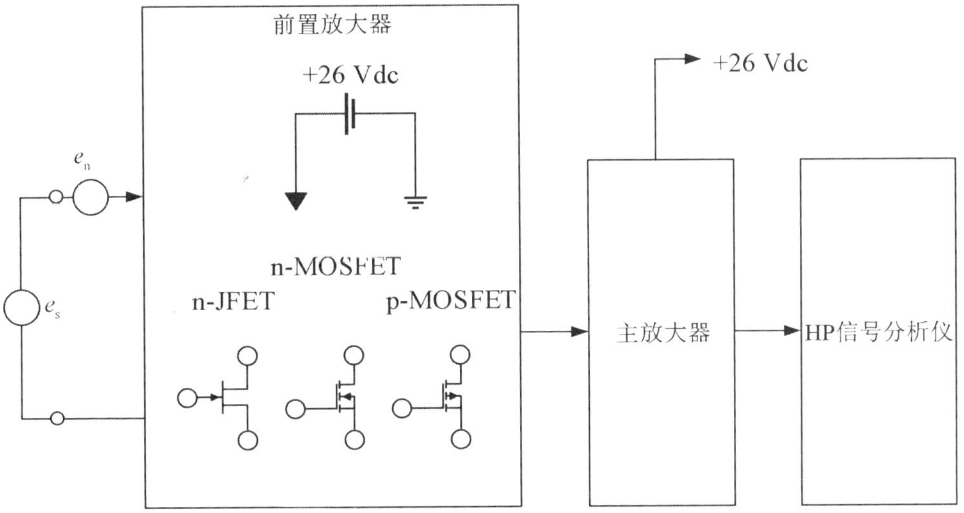

图 5.1　低噪声测量系统工作原理图

5.2.1.1　n 沟道 JFET 前置放大器

图 5.2 给出测量 n 沟道 JFET 噪声的前置放大器工作原理图。在图中，Q_1 是被测 JFET，电阻 R_1 是负载电阻：$R_1 = R_l$。电阻 R_2 为 JFET 提供偏置电位：R_2 的直流压降形成栅-源极间的反向偏置电压 V_{GS}。调节电阻 R_1 和 R_2 的阻值可改变每只 FET 的漏极电流 I_D 和漏-源电压 V_{DS}。

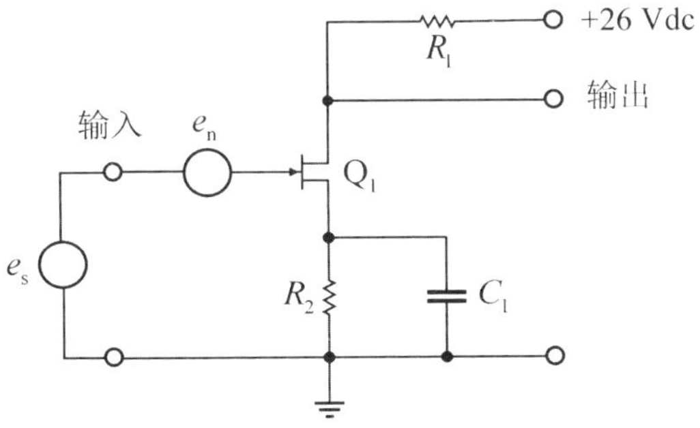

图 5.2　n 沟道 JFET 前置放大器工作原理图

电容 C_1 的电容值足够大，以保证在测量频带内可忽略 R_2—C_1 上的交流压降，也就是说使 $\omega R_2 C_1 \gg 1$。因而，前置放大器的增益 G 提高到 $G = g_{fs} R_l > 15$，在这个增益量级上，可以忽略负载电阻和主放大器对总噪声的影响（见第 4 章 4.2.2 小节）。

表 5.1 给出以被测 JFET 为核心的前置放大器电路元器件和相关参数。表头中所列参数 V_{DS} 是 JFET 的静态漏-源电压； V_G^* 是静态栅-源有效电压， $V_G^*=\left|V_{GS}-V_{GS(off)}\right|$ ，在这里 V_{GS} 是栅-源电压， $V_{GS(off)}$ 是被测 JFET 的夹断电压； I_D 是漏极电流； G 是 JFET 前置放大器电路的增益。 C_{in} 是被测 JFET 的输入电容（引用 JFET 数据表 [9-10, 13-14]），在这个工作状态 JFET 的跨导 $g_{fs}=G/R_l$ 。

表 5.1 JFET 前置放大器元器件和电路参数

n 沟道 JFET	V_{DS} /V	V_G^* /V	I_D /mA	R_1 /kΩ	R_2 /Ω	C_1 /F	G /dB	C_{in} /pF	g_{fs} /mS
2N4338	4	0.04	0.3	66.5	41.2	0.068	36.9	7	1
2N4118A	8.4	0.7	0.08	210	8450	0.001	27.3	3	0.1
IF9030	8	0.4	4.5	4.22	88.7	0.18	45.2	60	43
LSK389	9.4	0.4	0.25	66.5	1780	0.068	42.8	25	2
LSK170B	11.3	0.4	0.22	66.5	1780	0.068	43.6	30	2.3

5.2.1.2 n 沟道 MOSFET 前置放大器

n 沟道 MOSFET 前置放大器工作原理如图 5.3 所示，在图中， Q_1 是被测 MOSFET， R_3 是负载电阻，电阻 R_1 和 R_2 为 MOSFET 提供直流偏置。信号源 e_s 经过耦合电容 C_1 接在 MOSFET 的输入。电阻 R_1 、 R_2 和 R_4 尽可能选用小的阻值，以使得这三只电阻的噪声与 MOSFET 噪声相比达到可忽略的程度。电容 C_1 和 C_2 的电容量足够大，以保证在测量频带内放大器有平坦的幅频响应特性。

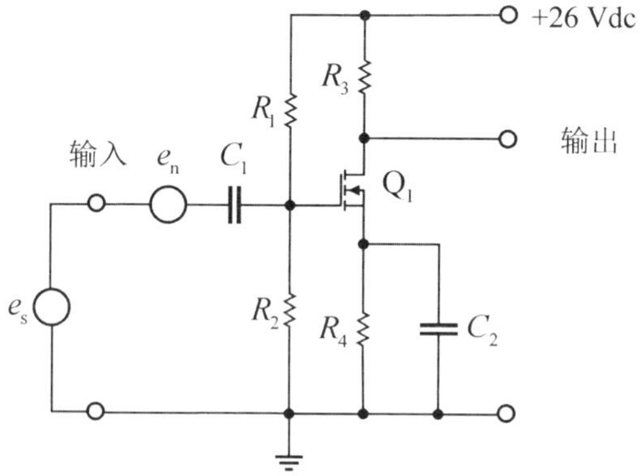

图 5.3 n 沟道 MOSFET 前置放大器工作原理图

表 5.2 给出被测 n 沟道 MOSFET 前置放大器的电路元器件和相关参数。表头中所列参数 V_{DS} 是漏-源电压；漏极电流 I_D V_G^* 表示有效栅-源电压，$V_G^*=\left|V_{GS}-V_{GS(th)}\right|$，在这里 $V_{GS(th)}$ 是被测 MOSFET 的开启电压， G 是 n 沟道 MOSFET 前置放大器电路的增益， C_{in} 是被测器件的输入电容（引用

MOSFET 的数据表 [11, 15-17]），在这个工作状态 n 沟道 MOSFET 的跨导 $g_{fs}=G/R_l$。

表 5.2　n 沟道 MOSFET 前置放大器电路元器件和电路参数

n 沟道 MOSFET	V_{DS} /V	V_G^* /V	I_D /mA	R_1 /kΩ	R_2 /kΩ	R_3 /kΩ	R_4 /Ω	C_1 /μF	C_2 /F	G /dB	C_{in} /pF	g_{fs} /mS
2N7000	13	2.1	0.8	24.3	2.49	17.8	392	3000	0.068	30.2	20	1.8
VN2222L	11.7	2.1	0.77	24.3	2.49	17.8	392	3000	0.068	29.1	30	1.6
TN2404K	12.8	1.6	0.44	24.3	1.91	17.8	392	3000	0.068	31.1	170	2
3N170	10.7	3	0.8	24.3	3.4	17.8	374	3000	0.068	23	5	0.8

5.2.1.3　p 沟道 MOSFET 前置放大器

图 5.4 是 p 沟道 MOSFET 前置放大器电路原理图。在图中 Q_1 是被测 MOSFET，电阻 R_1 和 R_2 为 MOSFET 提供栅极偏置电位。与前面电路一样，也是尽可能采用低阻值电阻，而电容值则需足够大。

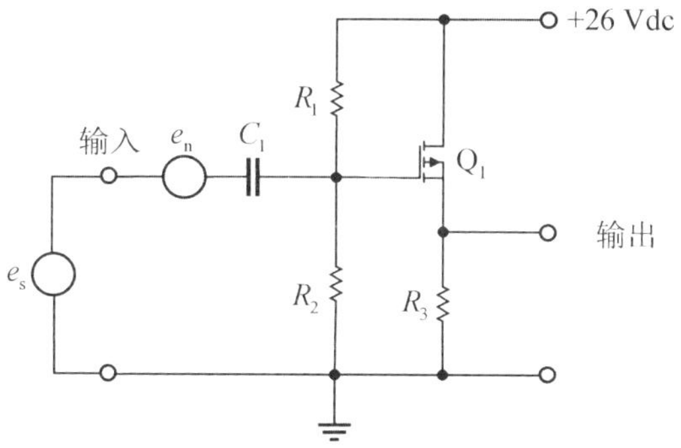

图 5.4　p 沟道 MOSFET 前置放大器原理图

表 5.3 给出被测 p 沟道 MOSFET 前置放大器电路的元器件和相关参数。表头中所列参数 V_{DS} 是漏-源电压；漏极电流 I_D V_G^* 表示有效栅-源电压，$V_G^*=\left|V_{GS}-V_{GS(th)}\right|$，在这里 $V_{GS(th)}$ 是被测 MOSFET 的开启电压，G 是 p 沟道 MOSFET 前置放大器电路的增益，C_{in} 是被测器件的输入电容（引用 MOSFET 的数据表 [11, 15-17]），在这个工作状态 p 沟道 MOSFET 的跨导 $g_{fs}=G/R_l$。

表 5.3　p 沟道 MOSFET 前置放大器电路元器件和电路参数

p 沟道 MOSFET	V_{DS} /V	V_G^* /V	I_D /mA	R_1 /kΩ	R_2 /kΩ	R_3 /kΩ	C_1 /μF	G /dB	C_{in} /pF	g_{fs} /mS
3N163	12	5	2	2.3	9.76	6.98	3000	17	2.5	1
BSS84	5.5	2	3	1.91	23.7	6.98	3000		70	21

5.2.2 主放大器

主放大器包含三级低噪声 JFET 和 BJT 交流耦合电路，具有低噪声、高输入阻抗和低输出阻抗（R_{out} ≤100 Ω）特性。主放大器在 1 kHz 的增益 G_M =32 dB。

图 5.5 给出主放大器的幅频率响应曲线，图 5.6 是用等效噪声电压谱密度表示折合到主放大器输入端的噪声 e_{nM} 。从图中可以看出，主放大器的−0.5%频响范围为 0.1 Hz～100 kHz。在对应频率 0.1，1，10，100 Hz 和≥1000 Hz 的频率范围，折合到主放大器输入端的等效噪声电压谱密度分别为 200，30，8，4，3 $\mathrm{nV}/\sqrt{\mathrm{Hz}}$ 。

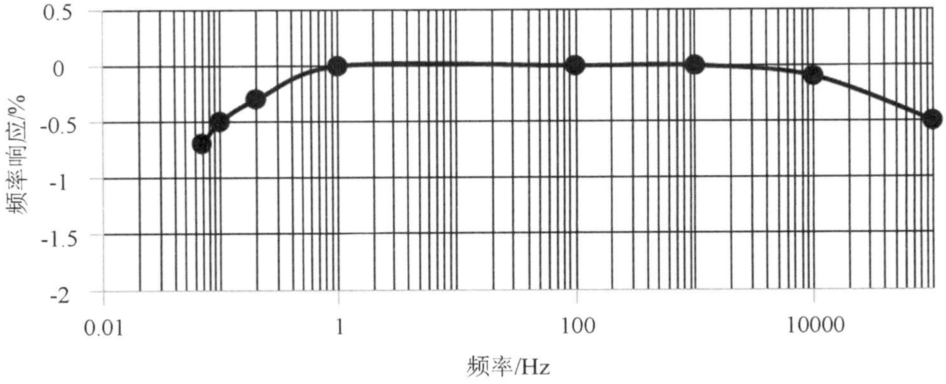

图 5.5　主放大器频率响应曲线

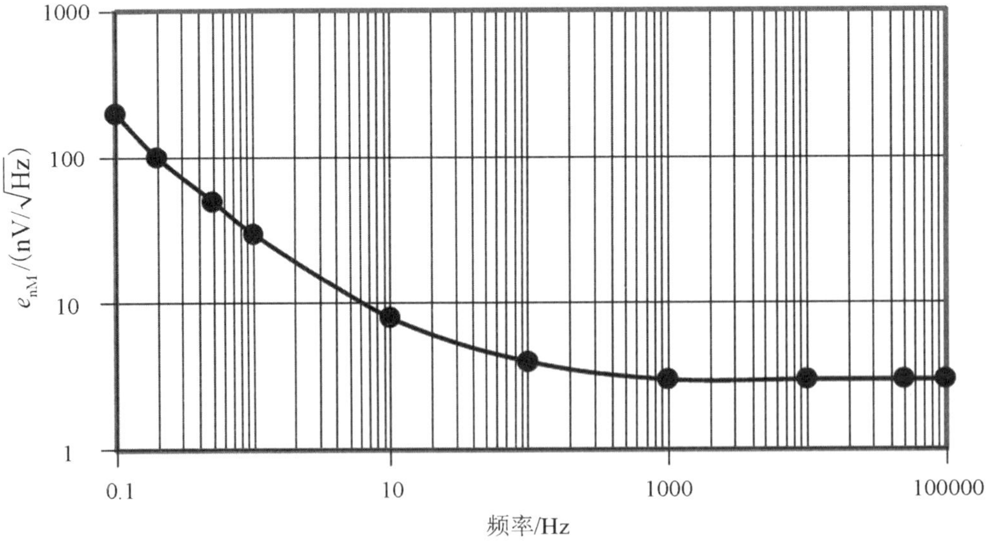

图 5.6　用等效噪声电压谱密度表示折合到主放大器输入端的噪声 e_{nM}

5.3 测量 JFET 和 MOSFET 的 1/f 噪声和沟道热噪声

利用上述噪声测量系统，在室温环境下，以商品化 FET 为研究对象，在 0.1 Hz～100 kHz 的频率范围内测量了多个样品的 1/f 噪声和热噪声，测试样品种类和型号有：n 沟道 JFET 2N4338，2N4118A，IF9030，LSK389，LSK170B；n 沟道 MOSFET VN2222L，2N7000，TN24204K，3N170；p 沟道 MOSFET 3N163 和 BSS84。所有 FET 均工作在饱和区（$V_{DS} > V_G^*$）。每个型号均测试三个管芯样品和三个标准封装样品。同一型号样品的噪声测量结果之间偏差不超过 10 %。同一型号 FET 的管芯和有封装之间的噪声值无明显差别。噪声谱如图 5.7、图 5.8 和图 5.9 所示。

5.3.1 n 沟道 JFET 的 1/f 噪声和沟道热噪声

图 5.7 给出 n 沟道 JFET 测试样品的等效输入噪声电压谱密度 e_n（单位：nV/$\sqrt{\text{Hz}}$）实验曲线，样品型号：2N4338，2N4118A，IF9030，LSK389，LSK170B。这些型号的性能参数和电路元件见表 5.1。从图中可以看出，所有被测 JFET 的噪声谱均表现出 $f < f_c$ 的 1/f 噪声。在 1 Hz $\leqslant f \leqslant$ 10 Hz 的频率范围内，2N4338，2N4118A，IF9030 表现出近乎平滑的 1/f 噪声（$e_{n1/f} \sim 1/\sqrt{f}$）。当频率 $f <$ 1 Hz，噪声谱线在趋向更低频率时比预期纯 1/f 噪声更陡峭。在 1/f 噪声幅值最高部分附加的噪声可能来自放大器增益的漂移，增益的漂移又来自电路中 JFET 和其他元件的温度波动，只有温度波动才能有如此低的频率。在 $f > f_c$ 的频率范围，沟道热噪声占主导地位。在 10 Hz $< f \leqslant f_c$ 的频率范围内，1/f 噪声和沟道热噪声对等效输入噪声电压都有贡献。

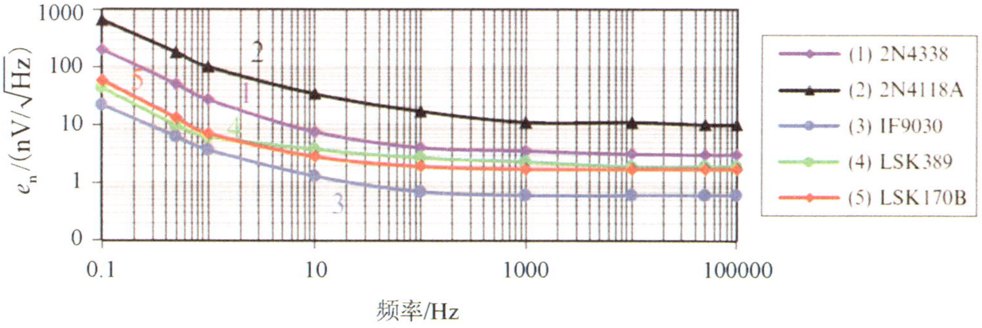

图 5.7　n 沟道 JFET 测试样品等效输入噪声电压谱密度 e_n 的实验曲线

在 0.5 Hz$\leqslant f \leqslant$1 Hz 的低频上，LSK389 和 LSK170B 有近乎纯 1/f 噪声。在 $f <$0.5 Hz 也是比预期的纯 1/f 噪声更陡峭，原因如前所述。在 1 Hz$< f \leqslant f_c$ 的频率范围内，1/f 噪声和沟道热噪声对总体噪声均有贡献。当频率 $f > f_c$ 之后，沟道热噪声起主导作用。

实际测量结果表明，IF9030 有最小的 1/f 噪声和沟道热噪声。对应频率 f = 0.1，1，10 Hz 和

f ≥100 Hz，测得 e_n 分别为 22，3.7，1.3 和 0.6 $nV/\sqrt{Hz}$ 。IF9030 有最大的 W/L 比（W：沟道宽度；L：沟道长度），因此才可能有最低的沟道热噪声（0.6 $nV/\sqrt{Hz}$ ，f ≥100 Hz），该推论与预期和公式（4.11）计算的结果相吻合 [1]。

LSK389 的等效输入噪声电压谱密度 e_n，对应频率 f = 0.1，1，10，100 和 f ≥100 Hz，分别为 44，6.3，3.8，3.1 和 2 $nV/\sqrt{Hz}$ 。LSK170 的等效输入噪声电压谱密度 e_n 值，对应频率 f = 0.1，1，10 和 f ≥100 Hz，分别为 60，7，2.8 和 1.8 $nV/\sqrt{Hz}$ 。

分别用 1/f 噪声实测数值和式（4.21）计算每个型号 JFET 的参数 α，从而获得如表 5.4 所示的 α 参数数值。

表 5.4　用 1/f 噪声的实验数据和式（4.21）得到的被测 JFET 参数 α 数值

JFET 型号	2N4338	2N4118A	JF9030	LSK389	LSK170B
α	3×10^{-6}	8×10^{-7}	2×10^{-8}	3×10^{-8}	5×10^{-8}

从实验曲线得到转折频率 f_c 数据：2N4338 和 2N4118A 的 f_c≈100 Hz；IF9030 的 f_c≈40 Hz；LSK389 的 f_c≈6 Hz；LSK170B 的 f_c≈10 Hz。利用实验数据得到 α 数值，根据式（4.22）计算 f_c 理论值，结果证明 f_c 的理论值与实测值有良好一致性。

从图中可以看出，尽管 IF9030 的 1/f 噪声和沟道热噪声低于 LSK389 和 LSK170B，但 LSK389 和 LSK170B 的转折频率 f_c 要低于 IF9030。这证实了参考文献[1]和[19]得出的结论，f_c 低并不意味着噪声低。转折频率 f_c 可能低一些，但热噪声有可能偏高。沟道的 W 和 L 越大，则可能有越低的 1/f 噪声和沟道热噪声 [1, 19, 20]。这一点在参考文献[1]中利用可获得的 JFET 的 W 和 L 数值所进行的噪声分析已经得到证实。

表 5.5 对被测 JFET 样品的 e_n 、 f_c 和参数 α 做出归纳。

表 5.5　被测 JFET 的 e_n 、 f_c 和参数 α 数值

JFET 型号	2N4338	2N4118A	IF9030	LSK389	LSK170
e_n /（$nV/\sqrt{Hz}$）					
0.1 Hz	200	650	22	44	60
1 Hz	27	100	3.7	6.3	7
10 Hz	7.5	34	1.3	3.8	2.8
100 Hz	4	17	0.6	3.1	1.8
≥1000 Hz	3	10	0.6	2	1.8
f_c / Hz	100	100	40	6	10
α	3×10^{-6}	8×10^{-7}	2×10^{-8}	3×10^{-8}	5×10^{-8}

对于所有型号的 JFET，取 $\Gamma = 2/3$，利用式（4.11）计算得到的沟道热噪声 e_{nt} 与实验数据有良好的一致性。根据上述实验结果，可以证明文献[1]的研究结论：利用 MOSFET 推导出的表示 1/f 噪声的经验公式（4.21）和（4.22）对 JFET 同样有效。

5.3.2　n 沟道 MOSFET 的 1/f 噪声和沟道热噪声

图 5.8 给出 n 沟道 MOSFET VN2222L，2N7000，TN2404K，3N170 等效输入噪声电压谱密度 e_n（$\mathrm{nV}/\sqrt{\mathrm{Hz}}$）的实验曲线。各型号 MOSFET 的性能参数和电路元件参数如表 5.2 所示。

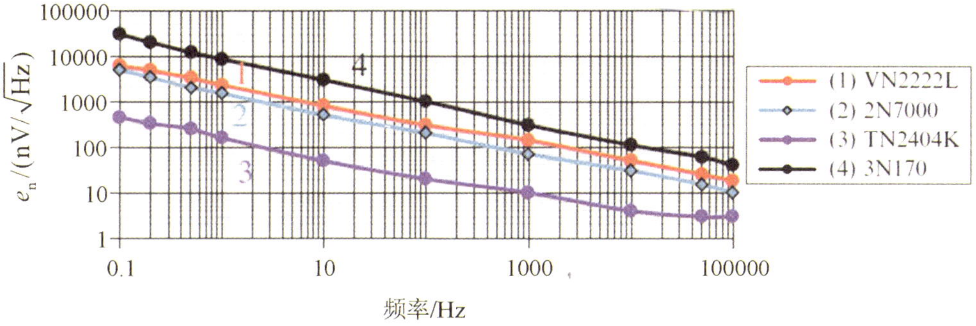

图 5.8　n 沟道 MOSFET 测试样品等效输入噪声电压谱密度实验曲线

从图中可以看出，VN2222L，2N7000，3N170 这三个型号 n 沟道 MOSFET 的噪声谱，在 0.1 Hz～100 kHz 整个测量频带表现出近乎平滑的 1/f 噪声（$e_{n1/f} \sim 1/\sqrt{f}$）特征。而 TN2404K 的 1/f 噪声基本在 0.1 Hz～10 kHz 的频率范围内。当频率 $f > 25$ kHz 时，MOSFET 的噪声基本上属于沟道热噪声。在 10 kHz$< f \leq f_c$ 的频带内，1/f 噪声和沟道热噪声共同起作用。

在测试样品中，TN2404K 表现出有最低的 1/f 噪声和沟道热噪声。在对应频率 $f = 0.1$，1，10，100，1,000 Hz，测得 e_n 值为 450，160，50，20，10 $\mathrm{nV}/\sqrt{\mathrm{Hz}}$，当 $f \geq 100$ kHz 时，约为 3 $\mathrm{nV}/\sqrt{\mathrm{Hz}}$。TN2404K 的 1/f 噪声与 JFET 测试样品中有最高 1/f 噪声的 2N4118A 有可比性。

用 1/f 噪声 $e_{n1/f}$ 的实测数据和式（4.21）计算每个 n 沟道 MOSFET 的参数 α。结果见表 5.6。

表 5.6　利用 1/f 噪声实验数据 $e_{n1/f}$ 和式（4.21）计算得出的被测 MOSFET 参数 α 数值

n 沟道 MOSFET	VN2222L	2N7000	TN2404K	3N170
α	10^{-3}	3×10^{-4}	3×10^{-5}	2×10^{-3}

除 TN2404K 之外，所有被测 n 沟道 MOSFET 噪声的转折频率 f_c 都高于 100 kHz，这已经超出测量系统的频响范围。TN2404K 实测 $f_c \approx 25$ kHz。该 f 数值与利用式（4.22）计算的理论数值

一致，其参数α 的数值见表 5.6。

利用式（4.11），并令$\Gamma=2/3$计算 TN2404K 的沟道热噪声e_{nt}，结果证明理论值与实验数据有良好的一致性。表 5.7 对全部被测 n 沟道 MOSFET 样品的 1/f 噪声和沟道热噪声进行了归纳。

表 5.7 被测 n 沟道 MOSFET 的e_n、f_c和参数α

n 沟道 MOSFET	VN2222L	2N7000	TN2404K	3N170
e_n / （nV/$\sqrt{\text{Hz}}$）				
0.1 Hz	6.2×10^3	5×10^3	450	3×10^4
1 Hz	2.3×10^3	1.5×10^3	160	8.6×10^3
10 Hz	800	500	50	3×10^3
100 Hz	300	200	20	10^3
1 kHz	140	70	10	300
10 kHz	50	30	4	110
100 kHz	18	10	3	40
f_c / Hz	$>10^5$	$>10^5$	2.5×10^4	$>10^5$
α	10^{-3}	3×10^{-4}	3×10^{-5}	2×10^{-3}

5.3.3 p 沟道 MOSFET 的 1/f 噪声和沟道热噪声

选择 3N163 和 BSS84 作为被测 p 沟道 MOSFET，图 5.9 给出这两个型号的等效输入噪声电压谱密度e_n（nV/$\sqrt{\text{Hz}}$）曲线。两个型号 MOSFET 的性能参数和电路元件如表 5.3 所示。在 0.1 Hz～10 kHz 的频率范围之内，噪声谱均表现出近乎平滑的 1/f 噪声特性（$e_{n1/f}\sim1/\sqrt{f}$）。当$f>f_c$时，只存在沟道热噪声特性；当 10 kHz$<f\leqslant f_c$时，1/f 噪声和沟道热噪声均对总噪声有贡献。

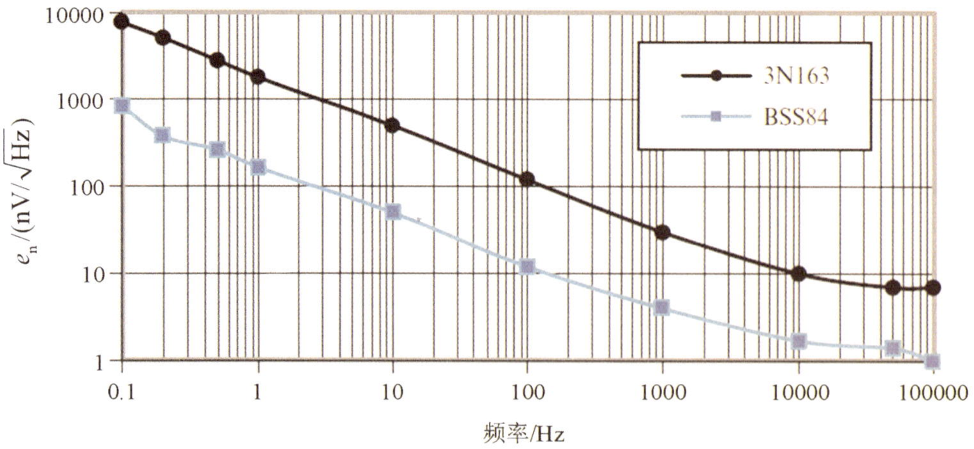

图 5.9 p 沟道 MOSFET 等效输入噪声电压谱密度实验曲线

利用 1/f 噪声 $e_{n1/f}$ 的实测数据和式（4.21）计算两个型号 p 沟道 MOSFET 的参数 α，得到参数 α 的数值，见表 5.8。从测量结果得到 3N163 和 BSS84 的噪声转折频率分别为 $f_c \approx 100$ kHz 和 $f_c \approx 50$ kHz。这两个 f_c 值均与用式（4.22）计算的理论值一致。

表 5.8　利用 1/f 噪声 $e_{n1/f}$ 实验数据和式（4.21）计算得出的 p 沟道 MOSFET 参数 α 数值

p 沟道 MOSFET	3N163	BSS84
α	2×10^{-5}	10^{-5}

利用式（4.11），取 $\Gamma = 2/3$，计算这两个型号 p 沟道 MOSFET 沟道热噪声 e_t 的理论值，理论值与噪声的实验值有良好一致性。表 5.9 对两个型号 p 沟道 MOSFET 样品的 1/f 噪声和沟道热噪声进行了归纳。

表 5.9　被测 p 沟道 MOSFET 的 e_n、f_c 和参数 α

p 沟道 MOSFET	3N163	BSS84
e_n /（$\mathrm{nV}/\sqrt{\mathrm{Hz}}$）		
0.1 Hz	5100	850
1 Hz	1800	170
10 Hz	500	50
100 Hz	120	12
1 kHz	30	4
10 kHz	10	1.7
100 kHz	7	1
f_c / Hz	10^5	5×10^4
α	2×10^{-5}	10^{-5}

5.4　测量结果讨论和结论

- 利用专门设计的超低噪声测量系统，在 0.1 Hz～100 kHz 的频率范围内，实际测量不同型号 n 沟道 JFET、n 沟道 MOSFET 和 p 沟道 MOSFET 的 1/f 噪声和沟道热噪声。噪声测量参数是 1/f 噪声 $e_{n1/f}$ 和沟道热噪声 e_{nt} 相结合的 FET 等效输入噪声电压谱密度 e_n（$\mathrm{nV}/\sqrt{\mathrm{Hz}}$）。
- 以实测频谱幅值 $\overline{e_{nt}^2} = \overline{e_{n1/f}^2}$ 点所对应频率作为转折频率 f_c。在测量系统的频率响应范围内

（≤100 kHz），实验得到 FET 的 f_c 值与利用经验公式（4.22）估算的 f_c 值有一致性。

- 在最高至 100 kHz 的测量频率范围内，所有实测 FET 沟道热噪声谱 e_{nt} 与根据式（4.11）计算的 e_{nt} 理论值有良好的一致性。
- 测量结果表明，与 MOSFET 相比，JFET 有更低的 $e_{n1/f}$、e_{nt} 和 f_c。
- 如果用经验公式（4.21）和（4.22）来理解 $e_{n1/f}$ 和 f_c 值，可用参数 α 值的差别解释 $e_{n1/f}$ 和 f_c 值的差异。JFET 的 α 参数值比 MOSFET 低 10～10^5 倍。同样，JFET 的噪声转折频率 f_c 也比 MOSFET 低几个数量级。
- 可以明确地讲，JFET 研究样品 IF9030 表现出最低的等效输入噪声电压 e_n 值，对应频率 $f = 0.1$，1，10 Hz 和 $f \geqslant 100$ Hz 时，$e_n \approx 22$，3.7，1.3，0.6 nV/$\sqrt{\text{Hz}}$（注：$0.6\,\text{nV}/\sqrt{\text{Hz}} = 3.6\times10^{-19}\ \text{V}^2/\text{Hz}$，相当于一只 $R_n = 23\ \Omega$电阻的等效输入噪声）。该 JFET 转折频率 f_c≈40 Hz。参数 $\alpha = 2\times10^{-8}$。如此小的 α 值可能是至今研究发现和见于公开报道的最低值（文献[1]除外）。该 JFET 还有最低的沟道热噪声 e_{nt}（在 $f \geqslant$100 Hz 的频率范围，约 0.6 nV/$\sqrt{\text{Hz}}$）。
- JFET LSK389 对应频率 $f = 0.1$，1，10，100 和 $f \geqslant$1000 Hz，其等效输入噪声电压谱密度 $e_n \approx 44$，6.3，3.8，3.1，2 nV/$\sqrt{\text{Hz}}$。f_c 的值低至 $f_c \approx 6$ Hz，且参数 α 低至 $\alpha = 3\times10^{-8}$。就截止频率 f_c 而言，这可能是到目前为止在 FET 研究和报道中所见过的最低 f_c 值。
- 作者之前曾对三个型号的 n 沟道 JFET 进行噪声特性分析[1]，认为依据 MOSFET 推导出的经验表达式（4.21）和（4.22）同样适用 JFET。本章对 5 个型号 n 沟道 JFET 的噪声分析结果进一步证实了这个推论。
- 为什么 JFET 的 1/f 噪声、f_c 和 α 值比 MOSFET 小很多？这个问题有待 FET 1/f 噪声研究者寻找最终答案。就作者所知，至今尚无有说服力的 FET 1/f 噪声模型。因此，JFET 和 MOSFET 间 1/f 噪声差异的物理根源还需要进一步研究。

参考文献

1. Levinzon FA, Vandamme LKJ (2011) Comparison of 1/f noise in JFETs and MOSFETs with several figures of merit, fluctuation and noise letters. World Scientific 10(4):447–465
2. Levinzon FA (2005) Measurement of low-frequency noise of modern low-noise junction field effect transistors. IEEE Trans Instrum Meas 54(6):2427–2432
3. Levinzon FA (2000) Noise of JFET amplifier. IEEE Trans Circuits Syst I 47(7):981–985
4. Van der Ziel A (1970) Noise, sources, characteristics measurement. Prentice-Hall, Englewood Cliffs, NJ
5. Cobbold RSC (1970) Noise in field-effect transistors, in theory and applications of field-effect-transistors, ch. 9. New York, Wiley-Intersience, pp 305–355
6. Hooge FN (1994) 1/f noise sources. IEEE Trans Electron Devices 41:1926–1935
7. Hooge FN, Kleinpenning TGM, Vandamme LKJ (1981) Experimental studies on 1/f noise. Rep Prog Phys 44:479–532
8. Vandamme LKJ, Li X, Rigaud D (1994) 1/f noise in MOS devices mobility or number fluctuations? IEEE Trans Electron Devices 41:1936–1945
9. (1994) Section 7: N-Channel JFETs. In: Low-power discretes data book. Siliconix Inc., Santa Clara, CA, pp 7-1–7-93
10. (1996) Section B, JFET data sheets. In: Semiconductor databook, Vol 3(4). InterFET Corporation, Garland, TX, pp B1–B70
11. (2012) 3N170 3N171, N-channel MOSFET enhancement mode, data sheet. Linear Systems, Fremont, CA. http://www.linearsystems.com/assets/media/file/datasheets/3N170-1.pdf
12. (1994) 3N163/3N164, P-channel enhancement-mode MOSFET transistors, data sheet. Vishay Intertechnology, Inc., Malvern, PA. http://www.farnell.com/datasheets/69003.pdf
13. (2012) LSK389, Ultra low noise monolithic dual n-channel JFET, specification sheet. Linear Systems, Fremont, CA. http://www.linearsystems.com/assets/media/file/datasheets/LSK389.pdf
14. (2013) LSK170, Ultra low noise single n-channel JFET, specification sheet. Linear Systems, Fremont, CA. http://www.linearsystems.com/assets/media/file/datasheets/LSK170.pdf
15. (2011) VN2222LLG Small signal MOSFET 150 mAmps, 60 Volts, N-channel, data sheet. On Semiconductor, Phoenix, AZ. http://www.onsemi.com/pub_link/Collateral/VN2222LL-D. PDF
16. (1995) 2N7000/2N7002/NDS7002A N-channel enhancement mode field effect transistor, data sheet. Fairchild Semiconductor, San Jose, CA. http://www.fairchildsemi.com/ds/2N/2N7000.pdf

17. (2012) TN2404K/TN2404KL/BS107KL N-channel 240 V (D-S) MOSFE, data sheet. Vishay Siliconix, Vishay Intertechnology, Inc., Malvern, PA. http://www.vishay.com/docs/72225/tn2404k.pdf
18. (2002) BSS84, P-channel enhancement mode field-effect transistor, data sheet. Fairchild Semiconductor, San Jose, CA. http://www.fairchildsemi.com/ds/BS/BSS84.pdf
19. Vandamme LKJ, Hooge FN (2008) What do we certainly know about 1/f noise in MOSTs? IEEE Trans Electron Devices 55:3070–3085
20. Vandamme LKJ, Xiaosong L, Rigaud D (1994) 1/f noise in MOS devices mobility or number fluctuations? IEEE Trans Electron Devices 41:1936–1945

第 6 章　IEPE 加速度计基本噪声极限

关键词　阻尼谐振器：机械阻抗，品质因数，谐振频率；IEPE 加速度计噪声：噪声极限，基本噪声极限，噪声表达式；PE 传感器噪声：热电噪声，等效噪声原理图，损耗因数，机械热噪声，噪声表达式，噪声极限，噪声源

IEPE 加速度计的一个主要优点是低噪声，正是基于此特性方有可能测量 0.001 Hz～20 kHz 频率范围内的微弱振动信号。新型超低噪声 IEPE 加速度计在 1 Hz 的本底噪声（等效输入加速度谱密度）只有几十 $\mathrm{ng}/\sqrt{\mathrm{Hz}}$，在 100 Hz 只有几个 $\mathrm{ng}/\sqrt{\mathrm{Hz}}$ [1-4]。IEPE 传感器的设计人员一直在努力降低产品的噪声指标。就此而论，探索 IEPE 加速度计的基本噪声极限就成为至关重要的问题。本章重点研究作为 IEPE 加速度计基本噪声极限的 PE 传感器噪声 [5]。在大多数有关振动和声学传感器噪声的文献中，均以阻尼谐振器（Damped Harmonic Oscillator）的机械热噪声作为 PE 传感器噪声极限的唯一噪声源 [6-10]。也有几篇文献用压电元件（晶体）损耗因数造成的电热噪声作为 PE 传感器的唯一噪声源 [11-12]。总体上讲，还是缺乏对 PE 传感器噪声的全面认识和分析。本章将综合分析 PE 传感器的上述两种噪声源，并以分析结果作为确定 IEPE 传感器基本噪声极限的依据。本章内容源于作者的研究工作 [5]。

6.1　PE 传感器噪声的地位

IEPE 加速度计由 PE 传感器与放大 PE 传感器信号的电荷或电压放大器组成。这两个部分均对 IEPE 传感器总噪声有相应的贡献。对于大多数 IEPE 传感器，内装放大器电路噪声是主要噪声源，因此，PE 传感器噪声实际上往往被忽略。但对采用低噪声放大器的以低噪声为特色的 IEPE 传感器而言，PE 传感器噪声实质上与放大器噪声能有一定的可比性，甚至可能大于放大器的噪声。所以在评估这类传感器的噪声指标时，绝对不可忽视 PE 传感器的噪声。

6.2　PE 传感器噪声源

PE 传感器包含两个功能部分：机械阻尼谐振器和在力的作用下输出与机械运动成正比电荷量的压电元件（晶体）。这两个部分都会产生噪声。阻尼谐振器有机械阻抗，由于众所周知的布朗运动机理（Mechanism of Brownian Motion），机械阻抗会产生机械热噪声（Mechanical-thermal

Noise）[6, 9, 10]。而另一个与热相关的噪声称为电热噪声（Electrical-thermal Noise），电热噪声与 PE 元件材料的损耗特性有关，是材料的损耗因数或耗散因数 η 的函数 [11-12]。下面详细分析和讨论 PE 传感器噪声。

6.3 PE 传感器的等效电噪声原理

图 6.1 给出简化的 PE 传感器等效电噪声原理图。在图中，e_{nm} 和 e_{ne} 是用等效噪声电压谱密度（单位：nV/$\sqrt{\text{Hz}}$ 或 μV/$\sqrt{\text{Hz}}$）表示的两个噪声发生器。图 6.1 中每个噪声发生器的电压均指 PE 传感器开路输出电压。

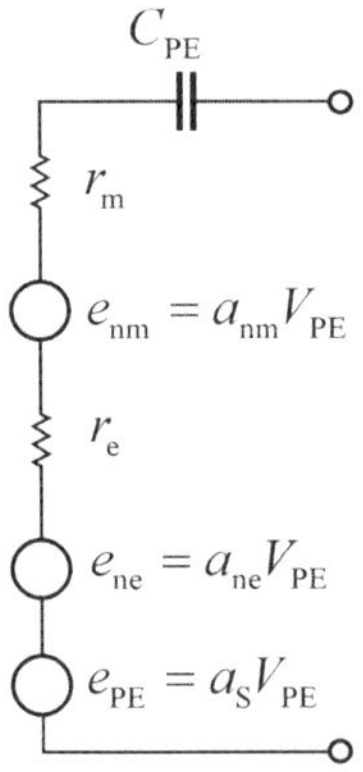

图 6.1　简化的 PE 传感器等效电噪声原理图

图中 e_{nm} 是由阻尼谐振器机械阻抗确定的 PE 传感器的机械热噪声电压：

$$e_{nm} = a_{nm}V_{PE} = \sqrt{4k_B T r_m} \tag{6.1}$$

在式（6.1）中，a_{nm} 是 PE 传感器的机械热噪声等效噪声加速度谱密度（单位：ng/$\sqrt{\text{Hz}}$ 或 μg/$\sqrt{\text{Hz}}$）。V_{PE} 是 PE 传感器的电压灵敏度（单位：mV/g 或 V/g），与 PE 传感器的电荷灵敏度 Q_{PE}（单位：pC/g）和固有电容 C_{PE} 的关系为：

$$V_{PE} = \frac{Q_{PE}}{C_{PE}} \tag{6.2}$$

r_m 是式（6.1）中与噪声发生器 e_{nm} 相关的等效电阻，k_B 是玻尔兹曼常数（k_B=1.38×10^{-23} J/K），T 是绝对温度（K）。

e_{ne} 是 PE 传感器的电热噪声电压，电热噪声等效电阻 r_e 与 PE 材料损耗因数有关：

$$e_{ne} = a_{ne} V_{PE} = \sqrt{4 k_B T r_e} \tag{6.3}$$

在式（6.3）中，a_{ne} 是源于 PE 传感器电热噪声的等效噪声加速度谱密度（单位：ng/$\sqrt{\text{Hz}}$ 或 μg/$\sqrt{\text{Hz}}$ ）。

e_{PE} 是电压信号发生器的输出：

$$e_{PE} = a_s V_{PE} \tag{6.4}$$

式中 a_s 是指输入加速度。

根据定义，可以认为机械热噪声电压 e_{nm} 和电热噪声电压 e_{ne} 互不相关。因此，相应于 PE 传感器开路输出电压 V_{PE} 的 PE 传感器总噪声，用等效噪声电压谱密度 e_{nPE} 表示，可以写成两个噪声源平方和的开方：

$$e_{nPE} = a_{nPE} V_{PE} = \sqrt{e_{nm}^2 + e_{ne}^2} = V_{PE} \sqrt{a_{nm}^2 + a_{ne}^2} \tag{6.5}$$

$$a_{nPE} = \sqrt{a_{nm}^2 + a_{ne}^2} \tag{6.6}$$

在式（6.5）和（6.6）中，a_{nPE} 代表 PE 传感器的总等效噪声加速度谱密度。我们的目标是获得以 PE 传感器参数为自变量的噪声电压 e_{nPE} 和等效噪声加速度 a_{nPE} 的函数表达式。为此，首先需要单独分析机械热噪声电压 e_{nm} 和电热噪声电压 e_{ne}，以及机械热噪声等效噪声加速度 a_{nm} 和电热噪声等效加速度 a_{ne} 。

6.4 PE 传感器的机械热噪声

为了分析机械热噪声，可用有阻尼谐振器作为 PE 传感器的简化模型，如图 6.2 所示，m 为谐振器的质量，k 为弹性常数，R_m 为机械阻抗。当加速度信号作用到 PE 传感器壳体上时，质量块相对壳体运动，PE 元件将运动产生的相对位移转换成电信号输出。

在图 6.2 中，F_n 是波动力的谱密度（单位：N/$\sqrt{\text{Hz}}$ ），该参量与机械阻抗 R_m 相关，根据 Nyquist 关系式有：

$$F_n = \sqrt{4 k_B T R_m} \tag{6.7}$$

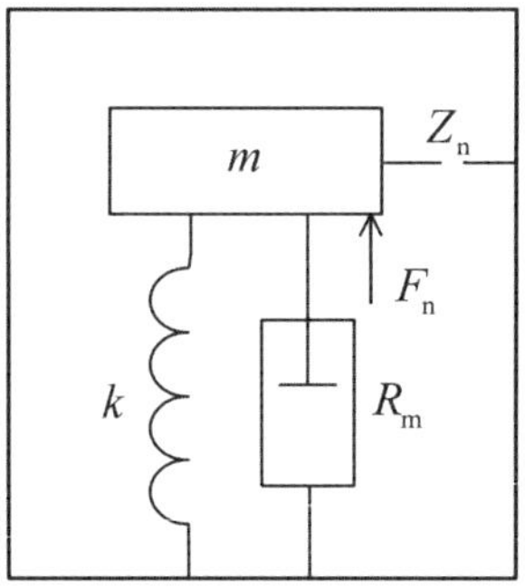

图 6.2　有阻尼谐振器示意图

用谐振频率 f_0 和品质因数 Q 表示有阻尼谐振器的特性：

$$f_0=\frac{\omega_0}{2\pi}=\frac{1}{2\pi}\sqrt{\frac{k}{m}} \tag{6.8}$$

$$Q=\frac{\omega_0 m}{R_m} \tag{6.9}$$

加速度计的工作频率范围远低于其谐振频率，通常在 $f<f_0/3$ 的频段内。因此，在工作频带的噪声响应可以用噪声位移谱密度 Z_n（单位：$\mathrm{m}/\sqrt{\mathrm{Hz}}$）表示[6]：

$$\overline{Z_n(f)^2}=\frac{4k_B T R_m}{k^2} \tag{6.10}$$

利用式（6.8）和（6.9），将 R_m 和 k 代入式（6.10），则噪声位移谱密度表达式可以变成：

$$\overline{Z_n(f)^2}=\frac{4k_B T}{mQ\omega_0^3} \tag{6.11}$$

在频域的信号响应 $Z_s(f)$ 为[6]：

$$\left|Z_s(f)\right|^2=\frac{a_s^2}{\omega_0^4} \tag{6.12}$$

然后根据式（6.11）和（6.12），则可以得出在任意频率下的信号-噪声之比：

$$\left|\frac{Z_s}{Z_n}\right|^2=\frac{mQa_s^2}{4k_B T\omega_0} \tag{6.13}$$

如果假设$Z_s = Z_n$，可以发现 PE 传感器的等效机械热噪声的加速度谱密度（单位：$ms^{-2}/\sqrt{Hz}$）$a_{nm} = a_s$，即：

$$a_{nm}\left(\frac{m}{s^2\sqrt{Hz}}\right) = \sqrt{\frac{4k_B T\omega_0}{mQ}} \tag{6.14}$$

如果用重力加速度 g 作为加速度单位，则式（6.14）变形为：

$$a_{nm}\left(\frac{g}{\sqrt{Hz}}\right) \approx 0.1\sqrt{\frac{4k_B T\omega_0}{mQ}} \tag{6.15}$$

加速度噪声a_{nm}在 PE 传感器输出产生的噪声电压谱密度e_{nm}（单位：$V/\sqrt{Hz}$）等于：

$$e_{nm} = a_{nm}V_{PE} = 0.1\sqrt{\frac{4k_B T\omega_0 V_{PE}^2}{mQ}} = 0.1\sqrt{\frac{4k_B T\omega_0 Q_{PE}^2}{mQC_{PE}^2}} \tag{6.16}$$

由式（6.15）和（6.16）可以得出：在$f \ll f_0$的频率范围，机械热噪声与频率无关。为了降低该噪声，需要增大谐振器的质量m和品质因数Q，或降低其谐振频率f_0。

6.5 PE 传感器的电热噪声

PE 传感器的电热噪声e_{ne}是指压电晶体有功损耗造成的噪声。压电晶体的损耗与电容器的有功损耗相类似。e_{ne}取决于压电晶体的损耗因数η，也被称为耗散因数。损耗因数与压电晶体材料的品质因数成反比 [11, 13]。

图 6.3 给出 PE 传感器等效电热噪声原理示意图，电阻R_e表示压电晶体固有电容C_{PE}的有功损耗。

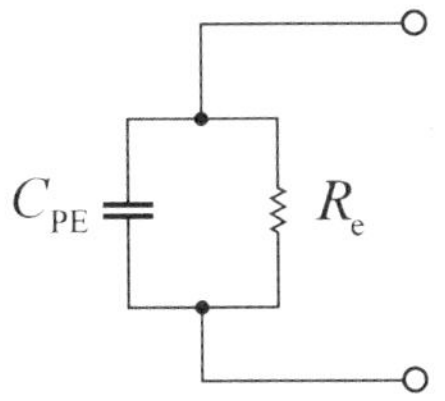

图 6.3 PE 传感器等效电热噪声原理

根据损耗因数的定义，电容C_{PE}的损耗因数$\eta = \tan\delta$可表示为 [13]：

$$\eta = \tan\delta = \frac{1}{\omega R_e C_{PE}}, \quad \omega = 2\pi f \tag{6.17}$$

只要将图 6.3 转换成图 6.1 给出的等效噪声示意图，则得出电热噪声 e_{ne} 的表达式：

$$e_{ne} = \sqrt{4k_B T r_e} \tag{6.18}$$

式中的 r_e 是图 6.3 电路确定的等效噪声电阻：

$$r_e = \frac{R_e}{1 + (\omega R_e C_{PE})^2} \tag{6.19}$$

根据式（6.17），式（6.19）可改写成：

$$r_e = \frac{1}{\omega C_{PE}\left(\eta + \dfrac{1}{\eta}\right)} \tag{6.20}$$

实际上，多数压电晶体的损耗因数 $\eta \ll 1$，通常在 $0.01 \leqslant \eta \leqslant 0.05$ 的范围内。因此，式（6.20）可进一步简化为：

$$r_e = \frac{\eta}{\omega C_{PE}} \tag{6.21}$$

将式（6.21）的 r_e 代入式（6.18），得出 PE 传感器电热噪声电压谱密度 e_{ne}（单位：$\mathrm{V}/\sqrt{\mathrm{Hz}}$）的表达式：

$$e_{ne} = \sqrt{\frac{4k_B T\eta}{\omega C_{PE}}} \tag{6.22}$$

由式（6.3），还可以得出 PE 传感器电热噪声形成的等效噪声加速度谱密度（单位：$\mathrm{g}/\sqrt{\mathrm{Hz}}$）：

$$a_{ne} = \frac{e_{ne}}{V_{PE}} = \sqrt{\frac{4k_B T\eta}{\omega C_{PE} V_{PE}^2}} = \frac{1}{Q_{PE}}\sqrt{\frac{4k_B T\eta C_{PE}}{\omega}} \tag{6.23}$$

由式（6.22）和（6.23），可以清楚地看出 PE 传感器等效电热噪声电压 e_{ne} 和等效电热噪声加速度 a_{ne} 是频率的函数，并与 $\sqrt{\omega}$ 成反比。等效电热噪声还与损耗因数 η 成正比，但损耗因数也随频率变化。为了降低 e_{ne} 和 a_{ne}，需要选择损耗因数 η 较低的压电晶体。但这也未必总能奏效，因为损耗因数还影响晶体的其他重要参数。从式（6.23）我们还可以看出，a_{ne} 与 PE 传感器的电荷灵敏度 Q_{PE} 或电压灵敏度 V_{PE} 成反比。

在 100 Hz～100 kHz 的频率范围内测量 PZT 压电陶瓷制成的压电元件，其电容 C_{PE} 和损耗因数 η 实际上是常数 [5]。因为受测量仪器性能的限制，目前尚无频率低于 100 Hz 条件下损耗因数 η 的测量结果。但可以认为在宽频带内，损耗因数 η 是常数 [14]。

必须说明，在严格限制的频率范围内，图 6.3 所示的损耗因数 η 的等效原理图和式（6.17）的表达式是正确的。但当频率 $f > 10^7$ Hz 后，压电晶体中的有功损耗受复杂的弛豫和谐振模式的影响，从而导致复杂的损耗因数 η 等效原理和表达式 [13]。在 $f < 10$ Hz 的低频率范围，1/f 噪声也会影响损耗因数 η [15]。而压电材料中的缺陷、电导率、杂质都会增大 1/f 噪声。

6.6 IEPE 加速度计基本噪声极限完全表达式

通过上述噪声分析结果，只要用式（6.15）、（6.16）、（6.22）、（6.23）代替式（6.5）和（6.6）中的 e_{nm}、e_{ne}、a_{nm} 和 a_{ne} 即可获得 IEPE 加速度计的基本噪声极限 e_{nPE} 和 a_{nPE} 的完全表达式。以 $\mathrm{V}/\sqrt{\mathrm{Hz}}$ 为单位的 PE 传感器开路等效噪声电压谱密度 e_{nPE} 等于：

$$e_{nPE} = \sqrt{4k_B T\left(\frac{0.01\omega_0 Q_{PE}^2}{mQC_{PE}^2} + \frac{\eta}{\omega C_{PE}}\right)} = \sqrt{4k_B T\left(\frac{0.01\omega_0 V_{PE}^2}{mQ} + \frac{\eta}{\omega C_{PE}}\right)} \tag{6.24}$$

以 $\mathrm{g}/\sqrt{\mathrm{Hz}}$ 为单位的等效噪声加速度谱密度 a_{nPE} 等于：

$$a_{nPE} = \sqrt{4k_B T\left(\frac{0.01\omega_0}{mQ} + \frac{\eta C_{PE}}{\omega Q_{PE}^2}\right)} \tag{6.25}$$

在式（6.24）和（6.25）中，第一项代表 PE 传感器的机械热噪声，第二项对应 PE 传感器的电热噪声。有了这两个表达式，只要已知 PE 传感器的参数 m、ω_0、Q、Q_{PE}、C_{PE} 和 η 就能估算任何频率下的 e_{nPE} 和 a_{nPE}。因为 PE 传感器的参数 Q_{PE}、C_{PE} 和 η 是频率的函数，所以，有必要使用特定频率点的参数值来估算 e_{nPE} 和 a_{nPE}。

包含电荷或电压放大器电路的 IEPE 加速度计的总噪声可以用下式表示：

$$\overline{e_{ntot}^2} = \overline{e_{nPE}^2} + \overline{e_{namp}^2} = 4k_B T\left(\frac{0.01\omega_0 V_{PE}^2}{mQ} + \frac{\eta}{\omega C_{PE}}\right) + \overline{e_{namp}^2} \tag{6.26}$$

$$\overline{a_{\text{ntot}}^2} = \overline{a_{\text{nPE}}^2} + \overline{a_{\text{namp}}^2} = 4k_{\text{B}}T\left(\frac{0.01\omega_0}{mQ} + \frac{\eta C_{\text{PE}}}{\omega Q_{\text{PE}}^2}\right) + \frac{\overline{e_{\text{namp}}^2}}{V_{\text{PE}}^2} \tag{6.27}$$

在式（6.26）和（6.27）中，e_{namp} 表示放大器的等效输入噪声电压谱密度，a_{namp} 表示放大器的等效输入噪声加速度谱密度，e_{ntot} 和 a_{ntot} 分别是 IEPE 加速度计总等效输入噪声电压和等效输入加速度的谱密度。根据定义，认为式(6.26)中的 e_{nPE} 与 e_{namp} 互不相关；式(6.27)中 a_{nPE} 与 a_{namp} 互不相关。

6.7　基本噪声估算举例

下面选择两个有具体参数的 IEPE 加速度计估算其基本噪声，并与 IEPE 加速度计所采用的放大器噪声进行比较。

例 1: IEPE 地震加速度计，其所采用的 PE 传感器参数为 $Q_{\text{PE}} = 2\times10^4$ pC / g，$C_{\text{PE}} = 3000$ pF，$V_{\text{PE}} \approx 6.7$ V/g，$f_0 = 400$ Hz，$m = 500$ g，$Q = 50$，$\eta = 0.02$。假设压电元件的损耗因数 η 是不随频率变化的常数。加速度计–3 dB 工作频率范围：0.01 Hz $\leqslant f \leqslant$ 130 Hz。假设 IEPE 地震加速度计内装低噪声电荷放大器电路，对应频率 $f = 1$，10，100 Hz 的等效输入噪声电压谱密度 e_{namp} 为 200，30，10 nV/$\sqrt{\text{Hz}}$。

利用式（6.15)、(6.16)、(6.22）和（6.23)，可以估算出温度 $T = 300$ K 的各项噪声数值：

- $a_{\text{nm}} \approx 1.3\times10^{-9}\ \dfrac{\text{m}}{\text{s}^2\sqrt{\text{Hz}}} \approx 0.13\ \text{ng}/\sqrt{\text{Hz}}$ （$f \leqslant$ 130 Hz 的任意频率），
- $e_{\text{nm}} \approx 0.9\ \text{nV}/\sqrt{\text{Hz}}$ （$f \leqslant$ 130 Hz 的任意频率），
- $a_{\text{ne}} \approx 20\ \text{ng}/\sqrt{\text{Hz}}$，$e_{\text{ne}} \approx 130\ \text{nV}/\sqrt{\text{Hz}}$ （f = 1 Hz），
- $a_{\text{ne}} \approx 6.3\ \text{ng}/\sqrt{\text{Hz}}$，$e_{\text{ne}} \approx 42\ \text{nV}/\sqrt{\text{Hz}}$ （f = 10 Hz），
- $a_{\text{ne}} \approx 2\ \text{ng}/\sqrt{\text{Hz}}$，$e_{\text{ne}} \approx 13\ \text{nV}/\sqrt{\text{Hz}}$ （f = 100 Hz）。

从上面给出的数据可以看出，在传感器的工作频率范围内，电热噪声等效噪声加速度 a_{ne} 远大于机械热噪声等效噪声加速度 a_{nm}，电热噪声等效噪声加速度 a_{ne} 占主导地位，起决定性作用。因此，PE 传感器的总噪声主要取决于电热噪声，可以认为，在整个工作频率范围内有 $a_{\text{nPE}} \approx a_{\text{ne}}$。对应频率 $f = 1$，10，100 Hz，PE 传感器输出的噪声电压 e_{ne} 分别为 130，42，13 nV/$\sqrt{\text{Hz}}$。这些噪声数值与低噪声放大器在 10 Hz 和 100 Hz 的噪声有可比性，因此，在设计和分析此类 IEPE 传感器时，必须考虑到 PE 传感器的噪声因素 [4, 16-19]。

例 2： 小型 IEPE 加速度计，其所采用 PE 传感器的具体参数为：$Q_{\rm PE} = 1\,{\rm pC/g}$，$C_{\rm PE} = 100\,{\rm pF}$，$V_{\rm PE} \approx 10\,{\rm mV/g}$，$f_0 = 30\,{\rm kHz}$，$m = 0.3\,{\rm g}$，$Q = 70$，$\eta = 0.02$。IEPE 加速度计工作频率范围：1 Hz≤ f ≤10 kHz（±5 %）。假设 IEPE 加速度计中的电荷放大器对应频率 $f = 1$，10，100 Hz 和 10 kHz 的噪声 $e_{\rm namp} = 3000$，500，200，20 $\rm nV/\sqrt{Hz}$。

利用式（6.15）、（6.16）、（6.22）和（6.23），可以估算出温度 $T = 300\,{\rm K}$ 的各项噪声数值：

- $a_{\rm nm} \approx 40\,{\rm ng/\sqrt{Hz}}$，$e_{\rm nm} \approx 0.4\,{\rm nV/\sqrt{Hz}}$ （1 Hz≤ f ≤10 kHz），
- $a_{\rm ne} \approx 72\,{\rm \mu g/\sqrt{Hz}}$，$e_{\rm ne} \approx 720\,{\rm nV/\sqrt{Hz}}$ （$f = 1$ Hz），
- $a_{\rm ne} \approx 23\,{\rm \mu g/\sqrt{Hz}}$，$e_{\rm ne} \approx 230\,{\rm nV/\sqrt{Hz}}$ （$f = 10$ Hz），
- $a_{\rm ne} \approx 7.2\,{\rm \mu g/\sqrt{Hz}}$，$e_{\rm ne} \approx 72\,{\rm nV/\sqrt{Hz}}$ （$f = 100$ Hz），
- $a_{\rm ne} \approx 0.72\,{\rm \mu g/\sqrt{Hz}}$，$e_{\rm ne} \approx 7.2\,{\rm nV/\sqrt{Hz}}$ （$f = 10$ kHz）。

从得出的估算数据可以看出，该 PE 传感器也是电热噪声起主导作用，在整个工作频率范围内有 $a_{\rm nPE} \approx a_{\rm ne}$。在 $f = 1$，10，100 Hz 和 10 kHz 的频率上，PE 传感器输出的噪声电压 $e_{\rm ne}$ 分别为 720，230，72 和 7.2 $\rm nV/\sqrt{Hz}$。这些噪声数值远低于低噪声放大器在整个频带内的噪声，因此，在设计和分析此类 IEPE 传感器时，可以忽略 PE 传感器的基本噪声。

参考文献

1. Model 86 Seismic Accelerometer (2009) Specification sheet. Meggitt, Endevco. https://www. endevco.com/datasheets/86.pdf
2. (2009) Seismic accelerometer model 731A, data sheet, rev. C4, Wilcoxon Research, Germantown, MD.
3. MD Seismic accelerometer model 393B31, data sheet. PCB Piezotronics, Depew, NY. Available online: http://www.pcb.com
4. Levinzon FA (2012) Ultra-low-noise seismic piezoelectric accelerometer with integral FET amplifier. IEEE Sensor J 12(6):2262–2268
5. Levinzon FA (2004) Fundamental noise limit of piezoelectric accelerometer. IEEE Sensor J 4 (1):108–111
6. Gabrielson TB (1993) Mechanical-thermal noise in micromachined acoustic and vibration sensosrs. IEEE Trans Elelctron Devices 40:903–909

7. Boser BE, Howe RT (1996) Surface micromachine accelerometers. IEEE J Solid-State Circuits 31:366–375
8. Chau H, Wise KD (1987) Noise due to Brownian motion in ultrasensitive solid-state pressure sensors. IEEE Trans Electron Devices ED-24:859–865
9. Tavakoli M, Sarpeshkar R (2003) An offset-canceling low-noise lock- in architecture for capacitive sensing. IEEE J Solid-State Circuits 38:244–253
10. Tarnow V (1987) The lower limit of detectable sound pressure. J Acoust Soc Am 82:379–381
11. Schloss F (1993) Accelerometer noise. Sound and Vibration (March):22–23
12. Wlodkowski PA, Schloss F (2001), Advances in acoustic particle velocity sensors, Presented at the Workshop Directional Acoustic sensors, Newport, RI, April
13. Buchanan RC (ed) (1986) Ceramic materials for electronics. Marcel-Dekker, New York
14. Uchino K, Hirose S (2001) Loss mechanisms in piezoelelctrics: how to measure different losses separately. IEEE Trans Ultrason Ferroelectr Freq Control 48(1):307–321
15. Kogan S (1996) Electronic noise and fluctuations in solids. Cambridge University Press, Cambridge
16. (1994) Section 7: N-channel JFETs. In: Low-power discretes data book. Siliconix Inc., Santa Clara, CA, pp 7-1–7-93
17. (1996) Section B, JFET data sheets. In: Semiconductor databook, Vol 3(4). InterFET Corporation, Garland, TX, pp B1–B70
18. Levinzon FA, Vandamme LKJ (2011) Comparison of 1/f noise in JFETs and MOSFETs with several figures of merit, fluctuation and noise letters. World Scientific 10(4):447–465
19. Levinzon FA (2005) Measurement of low-frequency noise of modern low-noise junction field effect transistors. IEEE Trans Instrum Meas 54(6):2427–2432

第 7 章　IEPE 加速度计的噪声

关键词　IEPE 加速度计噪声：等效噪声原理，噪声表达式，噪声源，总噪声表达式；FET 输入放大器噪声：1/f 噪声，偏置电阻噪声，栅极散粒噪声，热噪声；PE 传感器噪声：电热噪声，机械热噪声

在第 4 章、第 5 章和第 6 章分别研究和讨论了 IEPE 加速度计中 FET 输入放大器的基础电路——FET 共源放大器的噪声特性、JFET 和 MOSFET 噪声，以及 PE 传感器的噪声。本章将给出 IEPE 加速度计整体噪声的详细分析过程。基于分析结果，得出宽频带内以等效噪声加速度谱密度和等效噪声电压谱密度表示的 IEPE 传感器本底噪声工程方程，明确不同噪声源对 IEPE 传感器总噪声的贡献。这些噪声源包括 PE 传感器的机械热噪声和电热噪声，以及 FET 输入放大器的主要噪声源。通过 IEPE 加速度计设计实例，根据所采用 PE 传感器的具体参数和 FET 输入放大器性能指标参数，利用 IEPE 传感器本底噪声工程方程，对本底噪声的理论计算结果和实验数据进行分析比较。结果表明，根据 IEPE 传感器本底噪声工程方程估算的理论值与实验数据有良好的相关性。

7.1　引言

随着 FET 器件制造工艺水平的提高，FET 噪声不断降低，与此同时高灵敏度 PE 传感器技术也有了长足进步，因此，新型 IEPE 加速度计的噪声也有了大幅度的降低 [1-15]。目前，以低噪声为特色的地震加速度计本底噪声（等效输入噪声加速度）在低频 1 Hz 一般在几十 $\mathrm{ng}/\sqrt{\mathrm{Hz}}$ 的量级上，在大于 100 Hz 的频率范围只有几个 $\mathrm{ng}/\sqrt{\mathrm{Hz}}$ [1-3, 10]。从这个意义上讲，详细分析 IEPE 加速度计噪声特性，并推导出表达其本底噪声的工程公式就成为至关重要的工作。

人们普遍认为，大多数 IEPE 传感器的本底噪声取决于其内部 FET 输入放大器的噪声，而 FET 输入放大器的噪声主要来自 FET 和为 FET 提供工作偏压的偏置电阻 R_b，从原理上讲，降低噪声的途径是选择低噪声 FET 和优化偏置电阻 R_b 的阻值 [4, 10-12]。可是，如果将放大器电路的噪声降低到与 PE 传感器噪声有可比性的程度，在分析 IEPE 加速度计的噪声时，则必须考虑 PE 传感器的噪声贡献。PE 传感器的噪声是 IEPE 传感器的基本噪声极限 [11]。在采用低噪声 FET 放大器的

低噪声 IEPE 传感器中，PE 传感器的噪声可能相当或超过 FET 放大器的噪声，所以，在设计 IEPE 传感器和分析其噪声特性时，必须进行全面考虑 [10-12]。

将 PE 传感器和 FET 输入放大器作为整体进行 IEPE 加速度计噪声研究的文献非常少，只有几篇有关 IEPE 传感器噪声分析的文献 [4, 6, 12]。在参考文献[4]中，噪声分析并未包含 FET 输入放大器和 PE 传感器的主噪声源，如：FET 的热噪声和 PE 传感器的机械热噪声。文献[6]也只是总体上给出传感器的噪声，其重点是建议如何设计低噪声加速度计，以及如何测量加速度计的噪声。总之，在此之前，还没有包含加速度计基本噪声源贡献的数学方程式。

本章以 PE 传感器和 FET 输入放大器的主噪声源对 IEPE 加速度计本底噪声的贡献为基础，分析 PE 传感器和 FET 输入放大器组成系统的噪声，推导出表达 IEPE 加速度计本底噪声的工程方程。本章内容基于作者的研究工作 [12]，希望能对低噪声 IEPE 传感器技术进步尽绵薄之力。

7.2 IEPE 加速度计等效噪声电路和一般噪声表达式

在第 3 章中已经用图 3.1 和图 3.2 分别给出基于 FET-BJT 有源元件和基于运算放大器的 FET 输入电荷放大器的电荷模式 IEPE 加速度计的工作原理示意图。图 3.5 给出采用 FET-BJT 电压放大器的电压模式 IEPE 加速度计的工作原理示意图。为了读者便于阅读，在这里用图 7.1 再次给出基于 FET-BJT 电荷放大器的 IEPE 加速度计工作原理图。

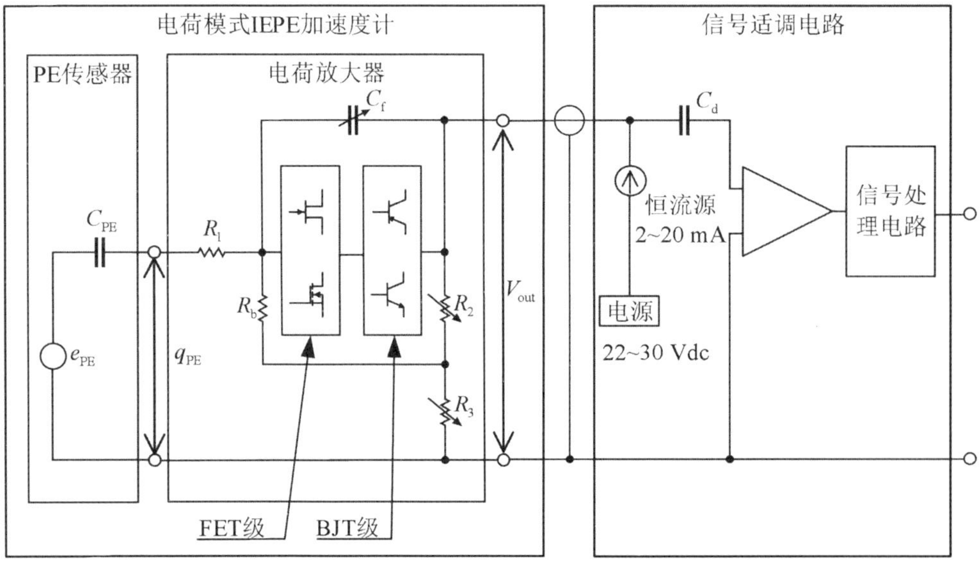

图 7.1　FET-BJT 电荷放大器基本电路结构及其与 PE 传感器和信号适调电路的连接

放大器由两级或多级直接耦合电路组成。电阻 R_b、R_2 和 R_3 构成直流负反馈电路。反馈电容 C_f 包含在交流反馈电路中，从而将放大器电路构建成电荷模式电路。第一级电路通常是基于 n 沟道 JFET 或 n 沟道 MOSFET。输出级则基于提供低输出阻抗特性的 NPN 或 PNP 型双极性三极管。电阻 R_1 与 C_{PE} 形成一阶低通滤波器，如需要用低通滤波器抑制幅值频响在高频段的上升，则需要该低通滤波器起作用，通常转折频率取 10 kHz 左右。

电荷模式和电压模式 IEPE 加速度计有相同的等效噪声电路，如图 7.2 所示。

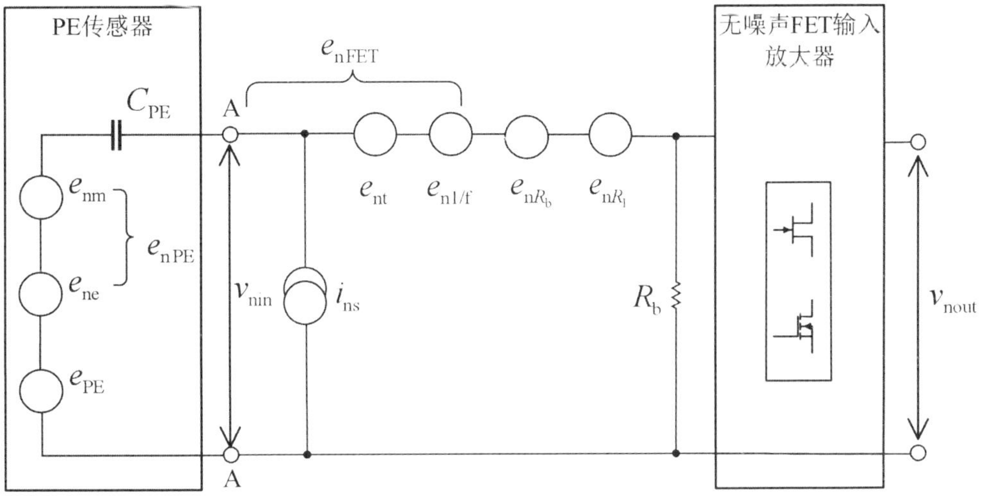

图 7.2 IEPE 加速度计等效噪声电路

在图 7.2 中，所有噪声源均用等效输入噪声电压谱密度（单位：$nV/\sqrt{Hz}$ 或 $\mu V/\sqrt{Hz}$）和等效输入噪声电流谱密度（单位：$nA/\sqrt{Hz}$ 或 $\mu A/\sqrt{Hz}$）表示。假设 FET 输入放大器是一个无噪声的理想器件，放大器内部产生的电压噪声源与输入端串联，电流噪声源与输入端并联。

在图 7.2 中，e_{PE} 是表示 PE 传感器开路输出电压的信号源（单位：mV）：

$$e_{PE} = a_s V_{PE} \tag{7.1}$$

在式（7.1）中，a_s 是输入加速度（单位：重力加速度 g），V_{PE} 表示 PE 传感器的电压灵敏度（单位：mV/g）：

$$V_{PE} = \frac{Q_{PE} \cdot 1000}{C_{PE}} \tag{7.2}$$

在上式中，Q_{PE} 表示 PE 加速度传感器的电荷灵敏度（单位：pC/g），C_{PE} 是 PE 传感器固有电容的电容量（单位：pF）。

图 7.2 中 PE 传感器的噪声 e_{nPE}（单位：$\text{nV}/\sqrt{\text{Hz}}$ 或 $\mu\text{V}/\sqrt{\text{Hz}}$）是其电热噪声 e_{ne} 和机械热噪声 e_{nm} 之和 [11]。

$$\overline{e_{\text{nPE}}^2} = \overline{e_{\text{ne}}^2} + \overline{e_{\text{nm}}^2} \tag{7.3}$$

$$e_{\text{ne}} = a_{\text{ne}} V_{\text{PE}}\,,\quad e_{\text{nm}} = a_{\text{nm}} V_{\text{PE}} \tag{7.4}$$

在式（7.3）和（7.4）中，a_{ne} 和 a_{nm} 分别表示 PE 传感器的电热噪声 e_{ne} 和机械热噪声 e_{nm} 形成的等效噪声加速度谱密度（单位：$\text{ng}/\sqrt{\text{Hz}}$ 或 $\mu\text{g}/\sqrt{\text{Hz}}$），根据定义，$e_{\text{ne}}$ 和 e_{nm} 互不相关。

折合到输入端 A-A 的 FET 输入放大器总噪声 e_{namp} 等于：

$$\overline{e_{\text{namp}}^2} = \overline{e_{\text{nFET}}^2} + \overline{e_{\text{nR}_\text{b}}^2} + \overline{e_{\text{nR}_1}^2} \tag{7.5}$$

在式（7.5）中，e_{nFET} 是 FET 产生的总噪声电压，e_{nR_b} 和 e_{nR_1} 分别是 FET 偏置电阻 R_b 和电阻 R_1 产生的热噪声电压。而 e_{nFET} 又是 FET 各噪声源之和，即：

$$\overline{e_{\text{nFET}}^2} = \overline{e_{\text{nt}}^2} + \overline{e_{\text{n1/f}}^2} + \overline{i_{\text{ns}}^2}\left|Z_1\right|^2 \tag{7.6}$$

在式（7.6）中，e_{nt} 和 $e_{\text{n1/f}}$ 分别代表 FET 沟道热噪声和 1/f 噪声，i_{ns} 是栅极漏电流 I_{GSS} 在 FET 栅极电路形成的散粒噪声电流。Z_1 则代表 i_{ns} 经过的放大器输入端阻抗：

$$Z_1 = \left(R_{\text{in}} \parallel \frac{1}{\text{j}\omega C_{\text{PE}}}\right) = \frac{R_{\text{in}}}{1 + \text{j}\omega R_{\text{in}} C_{\text{PE}}}\,,\quad \left|Z_1\right| = \frac{R_{\text{in}}}{\sqrt{1 + \left(\omega R_{\text{in}} C_{\text{PE}}\right)^2}} \tag{7.7}$$

在式（7.7）中，R_{in} 是放大器的输入电阻，$\omega = 2\pi f$，f 是频率。在式（7.5）和（7.6）中，根据定义假设所有噪声源互不相关，考虑到电阻 R_b、R_2、R_3 构成直流负反馈电路，则放大器的输入电阻为：

$$R_{\text{in}} = R_\text{b}\frac{R_2 + R_3}{R_3} \tag{7.8}$$

将式（7.6）e_{nFET} 的表达式代入式（7.5），得出 FET 放大器的总噪声表达式：

$$\overline{e_{\text{namp}}^2} = \overline{e_{\text{nt}}^2} + \overline{e_{\text{n1/f}}^2} + \overline{i_{\text{ns}}^2}\left|Z_1\right|^2 + \overline{e_{\text{nR}_\text{b}}^2} + \overline{e_{\text{nR}_1}^2} \tag{7.9}$$

总体上讲，还应该考虑放大器电路中其他元器件的噪声，并将之作为总噪声的组成部分。但是，因为 FET 电路有足够高的增益，与 FET 的噪声相比，其他元器件的噪声贡献实际上可以忽略不计。

根据图 7.2，折合到放大器输入端或 PE 传感器输出端 A-A 的总等效噪声电压 $v_{\rm nin}$ 可以用下式表示：

$$\overline{v_{\rm nin}^2} = \overline{e_{\rm nPEin}^2} + \overline{e_{\rm namp}^2} \tag{7.10}$$

在式（7.10）中的 $e_{\rm nPEin}$ 是 PE 传感器在输入端 A-A 的噪声电压，表示为：

$$\overline{e_{\rm nPEin}^2} = \overline{e_{\rm nPE}^2}\left|Z_2\right|^2 \tag{7.11}$$

在上式中

$$Z_2 = \frac{R_{\rm in}}{R_{\rm in} + \dfrac{1}{{\rm j}\omega C_{\rm PE}}} = \frac{{\rm j}\omega R_{\rm in} C_{\rm PE}}{1 + {\rm j}\omega R_{\rm in} C_{\rm PE}}，\quad \left|Z_2\right| = \frac{\omega R_{\rm in} C_{\rm PE}}{\sqrt{1 + (\omega R_{\rm in} C_{\rm PE})^2}} \tag{7.12}$$

通常，感兴趣的频率范围远高于低频下限截止频率，即：

$$(\omega R_{\rm in} C_{\rm PE})^2 \gg 1 \tag{7.13}$$

则式（7.7）和（7.12）变得更简单，可以简化为：

$$\left|Z_1\right| = \frac{1}{\omega C_{\rm PE}}，\quad \left|Z_2\right| = 1 \tag{7.14}$$

至此，可将式（7.6）、（7.11）、（7.9）和（7.10）分别整理归纳为：

$$\overline{e_{\rm nFET}^2} = \overline{e_{\rm nt}^2} + \overline{e_{\rm n1/f}^2} + \overline{i_{\rm ns}^2}\frac{1}{(\omega C_{\rm PE})^2} \tag{7.15}$$

$$\overline{e_{\rm nPEin}^2} = \overline{e_{\rm nPE}^2} = \overline{e_{\rm ne}^2} + \overline{e_{\rm nm}^2} \tag{7.16}$$

$$\overline{e_{\rm namp}^2} = \overline{e_{\rm nt}^2} + \overline{e_{\rm n1/f}^2} + \overline{i_{\rm ns}^2}\frac{1}{(\omega C_{\rm PE})^2} + \overline{e_{{\rm n}R_{\rm b}}^2} + \overline{e_{{\rm n}R_1}^2} \tag{7.17}$$

$$\overline{v_{\text{nin}}^2}=\overline{e_{\text{ne}}^2}+\overline{e_{\text{nm}}^2}+\overline{e_{\text{nt}}^2}+\overline{e_{\text{n1/f}}^2}+\overline{i_{\text{ns}}^2}\frac{1}{(\omega C_{\text{PE}})^2}+\overline{e_{\text{n}R_{\text{b}}}^2}+\overline{e_{\text{n}R_1}^2} \tag{7.18}$$

噪声分析的最终目标是推导出用等效噪声加速度谱密度 a_{ntot}（单位：ng/$\sqrt{\text{Hz}}$ 或μg/$\sqrt{\text{Hz}}$）表示的 IEPE 加速度计总本底噪声的方程，这个方程应包含 PE 传感器和 FET 输入放大器的所有噪声源。根据定义，可以认为所有噪声源互不相关。a_{ntot} 方程和所包含项等效噪声加速度的表达式如下：

$$\overline{a_{\text{ntot}}^2}=\frac{\overline{v_{\text{nin}}^2}}{V_{\text{PE}}^2}=\overline{a_{\text{nPE}}^2}+\overline{a_{\text{namp}}^2} \tag{7.19}$$

$$\overline{a_{\text{nPE}}^2}=\overline{a_{\text{ne}}^2}+\overline{a_{\text{nm}}^2}=\frac{\overline{e_{\text{nPE}}^2}}{V_{\text{PE}}^2}=\frac{1}{V_{\text{PE}}^2}\left(\overline{e_{\text{ne}}^2}+\overline{e_{\text{nm}}^2}\right) \tag{7.20}$$

$$\overline{a_{\text{namp}}^2}=\overline{a_{\text{nFET}}^2}+\overline{a_{\text{n}R_{\text{b}}}^2}+\overline{a_{\text{n}R_1}^2}=\frac{\overline{e_{\text{namp}}^2}}{V_{\text{PE}}^2}=\frac{1}{V_{\text{PE}}^2}\left(\overline{e_{\text{nFET}}^2}+\overline{e_{\text{n}R_{\text{b}}}^2}+\overline{e_{\text{n}R_1}^2}\right) \tag{7.21}$$

$$\overline{a_{\text{nFET}}^2}=\overline{a_{\text{nt}}^2}+\overline{a_{\text{n1/f}}^2}+\overline{a_{\text{ns}}^2}=\frac{\overline{e_{\text{nFET}}^2}}{V_{\text{PE}}^2}=\frac{1}{V_{\text{PE}}^2}\left(\overline{e_{\text{nt}}^2}+\overline{e_{\text{n1/f}}^2}+\overline{e_{\text{ns}}^2}\right) \tag{7.22}$$

$$\overline{e_{\text{ns}}^2}=\overline{i_{\text{ns}}^2}\frac{1}{(\omega C_{\text{PE}})^2} \tag{7.23}$$

在式（7.19）中，a_{nPE} 和 a_{namp} 分别表示 PE 传感器和 FET 输入放大器的噪声加速度谱密度。在式（7.20）中，a_{ne} 和 a_{nm} 分别对应 PE 传感器的电热噪声和机械热噪声。在式（7.21）和（7.22）中，a_{nFET} 是 FET 的总噪声，共包含三个主要噪声源，分别是：沟道热噪声 a_{nt}、1/f 噪声 $a_{\text{n1/f}}$ 和栅极电路的散粒噪声 a_{ns}；$a_{\text{n}R_{\text{b}}}$ 表示偏置电阻 R_{b} 产生的噪声；$a_{\text{n}R_1}$ 是电阻 R_1 产生的噪声。在式(7.23)中，e_{ns} 是 FET 栅极电路中噪声散粒电流 i_{ns} 产生的等效输入噪声电压。

利用式（7.18）和（7.23），可以将 a_{ntot} 的表达式（7.19）整理成各个独立噪声源的函数：

$$\overline{a_{\text{ntot}}^2}=\frac{1}{V_{\text{PE}}^2}\left(\overline{e_{\text{ne}}^2}+\overline{e_{\text{nm}}^2}+\overline{e_{\text{nt}}^2}+\overline{e_{\text{n1/f}}^2}+\overline{i_{\text{ns}}^2}\frac{1}{(\omega C_{\text{PE}})^2}+\overline{e_{\text{n}R_{\text{b}}}^2}+\overline{e_{\text{n}R_1}^2}\right) \tag{7.24}$$

为了得到 a_{ntot} 的表达式，需要确定式（7.24）中 PE 传感器和 FET 输入放大器的各项噪声。

7.3 FET 输入放大器的噪声

大多数 IEPE 加速度计的噪声实际上主要来自 FET 输入放大器。从图 7.2 和式（7.21）、（7.22）可以看出，与放大器有关的噪声源是 e_{nt} 、 $e_{n1/f}$ 、 i_{ns} 、 e_{nR_b} 和 e_{nR_1} 。前三项噪声属于 FET，后两项是偏置电阻 R_b 和电阻 R_1 产生的噪声。下面对每项噪声进行分析。在第 4，5，6 章已经对这些噪声源作过详细讨论。在这里只作简述并给出表达式。

7.3.1 FET 沟道热噪声

FET 的热噪声源于沟道的热波动，属于 FET 噪声谱的白噪声部分。因为 FET 的工作相当于一个受栅-源电压 V_{gs} 控制的电阻，所以，沟道热噪声是 FET 的基本噪声。通常 JFET 和 MOSFET 均工作在饱和区，根据 FET 热方程[16-17]，其等效输入沟道热噪声电压谱密度 e_{nt} 定义为：

$$\overline{e_{nt}^2} = 4k_B T \frac{\Gamma}{g_{fs}} V_{gs} \tag{7.25}$$

在式（7.25）中，k_B 是玻尔兹曼常数（k_B=1.38×10^{-23} J/K），T 是绝对温度（单位：K），Γ 是常数。对于大多数 JFET 和 MOSFET，$\Gamma = 2/3$ [18-20]。由式（7.25）可以看出，FET 的跨导 g_{fs} 越大，e_{nt} 越低。对任何 FET 而言，在 $V_{GS} = 0$ 的饱和漏电流 I_{DSS} 附近，e_{nt} 更低。有最大面积 WL（W 和 L 分别表示沟道的宽度和长度）的 FET，有最低的沟道热噪声 e_{nt} [21]。

以 2N4338 型 JFET 为例，当工作在 T = 300 K 的室温环境，取 g_{fs} = 1 mS。根据式（7.25）可以估算出其沟道热噪声 $e_{nt} \approx 3.3\,\text{nV}/\sqrt{\text{Hz}}$ 。

7.3.2 FET 的 1/f 噪声

与 FET 的沟道热噪声不同，$e_{n1/f}$ 属于不能基于 FET 参数进行估算的噪声。因为 1/f 噪声的来源一直是电子学和物理学尚未解决的问题之一。

目前只有从 MOSFET 推导出来的胡克经验公式（4.19）和表达式（4.21）、（4.22）建立起了转折频率 f_c 与 1/f 噪声之间的关系 [22-24]。f_c 是指 1/f 噪声与沟道热噪声相等所对应的频率点。为了便于阅读，在这里再次给出这三个表达式。

MOSFET 的 1/f 噪声符合胡克经验公式 [22-23]：

$$S_{\mathrm{I}} = \frac{\alpha I^2}{Nf} = \frac{\alpha}{f}\frac{I^2}{nWLt} \tag{7.26}$$

在式（7.26）中，f 表示频率；N 是总自由电荷载流子数；I 是流过长度 L、宽度 W、厚度 t 的均匀试验样本中的电流；n 是样本的载流子浓度；α 是与材料的品质有关的无量纲 1/f 噪声参数，可作为描述 1/f 噪声的品质因数。对于不同 MOSFET 和 JFET 器件，α 的取值范围在 $10^{-9} < \alpha < 10^{-2}$ [21, 23]。

实际上，FET 输入放大器中的 FET 工作在饱和区，即：

$$V_{\mathrm{DS}} > V_{\mathrm{G}}^{*}，\ V_{\mathrm{G}}^{*} = \left|V_{\mathrm{GS}} - V_{\mathrm{GS(th)}}\right| \tag{7.27}$$

在式中，V_{G}^{*} 是 FET 的有效栅极电压，V_{DS} 和 V_{GS} 分别是漏-源电压和栅-源电压，$V_{\mathrm{GS(th)}}$ 是增强型 MOSFET 的开启电压。在 FET 的饱和区，可用利用式（7.26）推导出的经验公式估算等效输入 1/f 噪声电压密度 $e_{\mathrm{n1/f}}$ [24]：

$$\overline{e_{\mathrm{n1/f}}^{2}} = \frac{\alpha q V_{\mathrm{G}}^{*}}{2C_{\mathrm{in}}f} \tag{7.28}$$

在式（7.28）中，q 是电子的电荷量，$q=1.6\times10^{-19}$ C，C_{in} 是 FET 的输入电容。

在 FET 饱和区的 1/f 噪声转折频率 f_{c} 用另一个经验公式表示 [13]：

$$f_{\mathrm{c}} = \frac{1}{2\pi}\frac{\alpha q g_{\mathrm{fs}} V_{\mathrm{G}}^{*}}{k_{\mathrm{B}}TC_{\mathrm{in}}} \tag{7.29}$$

经验公式（7.26）、（7.28）和（7.29）都包含先验未知的且与 FET 结构无关的参数 α。因此，获得 1/f 噪声的数值，确定噪声转折频率 f_{c}，并为参数 α 赋值只存在唯一的可能性，即实际测试每个型号 FET 的 1/f 噪声值。

第 5 章给出频率范围 0.1 Hz～100 kHz 内不同型号商品化 JFET 和 MOSFET 结合有 1/f 噪声和沟道热噪声的实测噪声电压 e_n：

$$\overline{e_{\mathrm{n}}^{2}} = \overline{e_{\mathrm{n1/f}}^{2}} + \overline{e_{\mathrm{nt}}^{2}} \tag{7.30}$$

通过对比发现，JFET 的 1/f 噪声 $e_{\mathrm{n1/f}}$ 和转折频率 f_{c} 这两个参数远远低于 MOSFET。如果用式（7.28）和（7.29）来解释这一现象，只能归因于两种类型 FET 器件具有不同的 α 参数值。JFET

的α值比 MOSFET 低 10～10^{5}倍。

有些新型低噪声 JFET 有非常低的 1/f 噪声和沟道热噪声。以 IF9030 为例，在 0.1，1，10 和 $f \geqslant 100$ Hz 的频率点上，其噪声电压e_n的值分别为 22，3.7，1.3 和 0.6 nV/$\sqrt{\text{Hz}}$。其噪声转折频率 $f_c \approx 40$ Hz，参数α的值低至$\alpha \approx 2\times10^{-8}$ [13]。

7.3.3 栅极电路中散粒噪声电流形成的FET噪声

FET 栅极电路的散粒噪声电流i_{ns}是栅极漏电流I_{GSS}形成的白噪声。散粒噪声电流为[16-17]：

$$i_{ns}^2 = 2qI_{GSS} \tag{7.31}$$

如前所述，该噪声电流流过源阻抗与放大器输入阻抗并联形成的总输入阻抗Z_1。因此，散粒噪声电流在输入端形成的噪声电压e_{ns}为：

$$\overline{e_{ns}^2} = \overline{i_{ns}^2}|Z_1| = \overline{i_{ns}^2}\frac{1}{(\omega C_{PE})^2} = 2qI_{GSS}\frac{1}{(\omega C_{PE})^2} \tag{7.32}$$

$$e_{ns} = \frac{\sqrt{2qI_{GSS}}}{\omega C_{PE}} \tag{7.33}$$

由上式可以看出，栅极散粒噪声电压e_{ns}（单位：nV/$\sqrt{\text{Hz}}$）与$\sqrt{I_{GSS}}$成正比，与频率和 PE 传感器电容C_{PE}成反比。如果 PE 传感器电容偏小，而 FET 的I_{GSS}偏高，则会造成较大的e_{ns}。例如，FET 的$I_{GSS} \approx 10^{-12}$ A，且压电传感器的C_{PE}=100 pF，在 1，10，100 Hz 的频率点上，相应的e_{ns}= 900，90，9 nV/$\sqrt{\text{Hz}}$。与 JFET 相比，MOSFET 通常有更小的I_{GSS}，因此e_{ns}也更低。另外，由于 JFET 的I_{GSS}随温度升高呈指数增大，因此当工作温度升高时，JFET 的栅极散粒噪声电压e_{ns}也会急剧增大。

7.3.4 FET 噪声源产生的总噪声

将式（7.25）、（7.28）和（7.32）表示的各项 FET 噪声源代入式（7.15），则得到 FET 噪声源产生的总等效噪声电压e_{nFET}：

$$\overline{e_{nFET}^2} = 4k_BT\frac{\Gamma}{g_{fs}} + \frac{\alpha qV_G^*}{2C_{in}f} + 2qI_{GSS}\frac{1}{(\omega C_{PE})^2} \tag{7.34}$$

根据式（7.22），则 FET 噪声源形成的总等效噪声加速度谱密度 a_{nFET} 可表示为：

$$\overline{a_{\mathrm{nFET}}^2}=\frac{1}{V_{\mathrm{PE}}^2}\left(4k_{\mathrm{B}}T\frac{\Gamma}{g_{\mathrm{fs}}}+\frac{\alpha qV_{\mathrm{G}}^*}{2C_{\mathrm{in}}f}+2qI_{\mathrm{GSS}}\frac{1}{(\omega C_{\mathrm{PE}})^2}\right) \tag{7.35}$$

7.3.5 FET 偏置电阻 R_b 和电阻 R_1 产生的热噪声

根据 IEPE 加速度计所采用的放大器电路模式，偏置电阻形成的噪声源有两个数学表达式，这两个方程分别对应电荷模式和电压模式放大器。

对于图 7.1 所示的电荷放大器，FET 偏置电阻 R_{b} 与反馈电容 C_{f} 并联。也就是说，还需要考虑 R_{b} 产生的噪声对电荷放大器输出的贡献。也就是说，偏置电阻 R_{b} 产生的等效输入热噪声电压 $e_{\mathrm{n}R_{\mathrm{b}}}$ 既取决于并联电路 $Z_3=\left(R_{\mathrm{b}}\parallel 1/\mathrm{j}\omega C_{\mathrm{f}}\right)$ 的实部 $\mathrm{Re}Z_3$，还与电荷放大器的电压增益 G_{v} 有关[12]：

$$Z_3=\left(R_{\mathrm{b}}\parallel\frac{1}{\mathrm{j}\omega C_{\mathrm{f}}}\right)=\frac{R_{\mathrm{b}}}{1+\mathrm{j}\omega R_{\mathrm{b}}C_{\mathrm{f}}} \tag{7.36}$$

$$\overline{e_{\mathrm{n}R_{\mathrm{b}}}^2}=4k_{\mathrm{B}}T(\mathrm{Re}Z_3)\cdot\frac{1}{G_{\mathrm{v}}^2} \tag{7.37}$$

$$G_{\mathrm{v}}=\frac{C_{\mathrm{PE}}}{C_{\mathrm{f}}} \tag{7.38}$$

利用式（7.36）和（7.38），可将式（7.37）整理成：

$$\overline{e_{\mathrm{n}R_{\mathrm{b}}}^2}=\frac{4k_{\mathrm{B}}TR_{\mathrm{b}}}{\left[1+(\omega R_{\mathrm{b}}C_{\mathrm{f}})^2\right]G_{\mathrm{v}}^2}=\frac{4k_{\mathrm{B}}TR_{\mathrm{b}}}{1+(\omega R_{\mathrm{b}}C_{\mathrm{f}})^2}\cdot\left(\frac{C_{\mathrm{f}}}{C_{\mathrm{PE}}}\right)^2 \tag{7.39}$$

对于第 3 章中图 3.5 所示的电压放大器，FET 偏置电阻 R_{b} 的噪声电压 $e_{\mathrm{n}R_{\mathrm{b}}}$ 为[12]：

$$\overline{e_{\mathrm{n}R_{\mathrm{b}}}^2}=\frac{4k_{\mathrm{B}}TR_{\mathrm{b}}}{1+(\omega R_{\mathrm{b}}C_{\mathrm{PE}})^2} \tag{7.40}$$

从式（7.39）和式（7.40）可以看出，如果 R_{b}、C_{f} 和 C_{PE} 不是足够大，$e_{\mathrm{n}R_{\mathrm{b}}}$ 对放大器电路的总噪声有实质性贡献，在低频范围产生的噪声尤其显著。为了降低 $e_{\mathrm{n}R_{\mathrm{b}}}$，$R_{\mathrm{b}}$ 应尽可能选择高阻值。但是 R_{b} 阻值受 FET 栅极漏电流 I_{GSS} 的限制。从这个方面讲，与 JFET 相比，MOSFET 的 I_{GSS} 更低。因而 R_{b} 可采用更高阻值，从而可获得更低的 $e_{\mathrm{n}R_{\mathrm{b}}}$。

在图 7.1 中，电阻 R_1 产生的噪声电压为：

$$\overline{e_{nR_1}^2} = 4k_B T R_1 \tag{7.41}$$

7.3.6 FET 输入放大器的总噪声

将式（7.34）、（7.39）和（7.41）表示的噪声电压代入式（7.17），得到 FET 输入电荷放大器的总噪声电压：

$$\overline{e_{\text{namp}}^2} = 4k_B T\frac{\varGamma}{g_{\text{fs}}} + \frac{\alpha q V_G^*}{2C_{\text{in}} f} + 2qI_{\text{GSS}}\frac{1}{(\omega C_{\text{PE}})^2} + \frac{4k_B T R_b}{\left[1+(\omega R_b C_f)^2\right]G_v^2} + 4k_B T R_1 \tag{7.42}$$

根据式（7. 21），将噪声电压谱密度表达式变换成加速度谱密度：

$$\overline{a_{\text{namp}}^2} = \frac{1}{V_{\text{PE}}^2}\left[4k_B T\frac{\varGamma}{g_{\text{fs}}} + \frac{\alpha q V_G^*}{2C_{\text{in}} f} + 2qI_{\text{GSS}}\frac{1}{(\omega C_{\text{PE}})^2} + \frac{4k_B T R_b}{1+(\omega R_b C_f)^2}\cdot\left(\frac{C_f}{C_{\text{PE}}}\right)^2 + 4k_B T R_1\right] \tag{7.43}$$

对于 FET 输入电压放大器，式（7.42）和式（7.43）中的第四项用式（7.40）代替。

7.4 PE 传感器的噪声

如上文所述，PE 传感器的噪声是 IEPE 加速度计的基本噪声限度，当放大器的噪声小于或与 PE 传感器噪声有可比性时，必须考虑 PE 传感器噪声对 IEPE 加速度计整体噪声的贡献。由于已经在第 6 章和文献[11]中对 PE 传感器的噪声进行了详细分析，在此只给出主要原理和最终表达式。

PE 传感器的噪声由两部分组成：电热噪声 e_{ne}、机械热噪声 e_{nm}。以噪声电压谱密度（$\text{nV}/\sqrt{\text{Hz}}$）为单位，PE 传感器的噪声电压 e_{nPE} 等于：

$$\overline{e_{\text{nPE}}^2} = \overline{e_{\text{ne}}^2} + \overline{e_{\text{nm}}^2} = 4k_B T\left(\frac{\eta}{\omega C_{\text{PE}}} + \frac{0.01\omega_0 V_{\text{PE}}^2}{mQ}\right) \tag{7.44}$$

在式（7.44）中，η 是 PE 晶体的损耗系数，$\omega_0 = 2\pi f_0$，f_0 是 PE 传感器的谐振频率，m 和 Q 分别是 PE 传感器的质量和品质因数。

在式（7.44）中，方程式中的两项分别代表电热噪声 e_{ne} 和机械热噪声 e_{nm}。在采用低噪声放大器的低噪声 IEPE 加速度计中，电热噪声 e_{ne} 通常与电子电路的噪声有可比性。大多数 IEPE 传

感器有 $e_{ne} \gg e_{nm}$。但在微型 MEMS 加速度计、微型声传感器和小型压力传感器中，e_{nm} 与 e_{ne} 的值基本相当[5, 25]。

利用式（7.44）和式（7.20），可以得出 PE 传感器噪声加速度谱密度 a_{nPE} 的表达式为：

$$\overline{a_{nPE}^2} = \overline{a_{ne}^2} + \overline{a_{nm}^2} = \frac{\overline{e_{nPE}^2}}{V_{PE}^2} = 4k_B T\left(\frac{\eta}{\omega C_{PE} V_{PE}^2} + \frac{0.01\omega_0}{mQ}\right) \tag{7.45}$$

7.5 IEPE 加速度计的总噪声

将式（7.41）和式（7.43）代入式（7.18），得出折合到 FET 输入放大器输入端的总噪声电压谱密度 v_{nin} 的表达式：

$$\begin{aligned}\overline{v_{nin}^2} = 4k_B T &\left\{\frac{\Gamma}{g_{fs}} + \frac{R_b}{\left[1+(\omega R_b C_f)^2\right]G_v^2} + R_1 + \frac{\eta}{\omega C_{PE}} + \frac{0.01\omega_0 V_{PE}^2}{mQ}\right\} \\ &+ \frac{\alpha q V_G^*}{2C_{in} f} + 2qI_{GSS}\frac{1}{(\omega C_{PE})^2}\end{aligned} \tag{7.46}$$

在式（7.46）中，假设 IEPE 加速度计采用的是 FET 输入电荷放大器，如果换成电压放大器，必须用式（7.40）替换方程式中的第二项即可。

以等效噪声加速度谱密度表示，则 IEPE 加速度计总噪声可表示为：

$$\begin{aligned}\overline{a_{ntot}^2} = 4k_B T &\left\{\frac{\Gamma}{g_{fs} V_{PE}^2} + \frac{R_b}{\left[1+(\omega R_b C_f)^2\right]Q_{PE}^2} + \frac{R_1}{V_{PE}^2} + \frac{\eta}{\omega C_{PE} V_{PE}^2} + \frac{0.01\omega_0}{mQ}\right\} \\ &+ \frac{\alpha q V_G^*}{2C_{in} f V_{PE}^2} + \frac{2qI_{GSS}}{(\omega Q_{PE})^2}\end{aligned} \tag{7.47}$$

在式（7.47）中，前三项分别代表 FET、偏置电阻 R_b 和电阻 R_1 的热噪声，第四项和第五项分表代表 PE 传感器的电热噪声和机械热噪声，最后两项对应 FET 的 1/f 噪声和栅极电路的散粒电流噪声。

只要已知或通过测量得到相关参数，就可用式（7.46）和（7.47）在宽频带内估算 IEPE 加速度计的本底噪声。

7.6 理论计算数据与实验结果的比较

在 1 Hz～10 kHz 的频率范围内，实际测量低噪声 IEPE 加速度计的噪声加速度谱密度 a_{ntot}。该加速度计的灵敏度 $S=100\ \mathrm{mV/g}$，低噪声电荷放大器电路采用 2N4338 型 JFET 作为输入级。电荷放大器电路的基本参数为 $G_{\mathrm{v}}=10\ \mathrm{mV/mV}$，$G_{\mathrm{q}}=10\ \mathrm{mV/pC}$，$C_{\mathrm{f}}=100\ \mathrm{pF}$，$R_{\mathrm{b}}=10^{9}\ \Omega$，$R_{1}=0$，$g_{\mathrm{fs}}=1\ \mathrm{mS}$，$\Gamma=0.67$，$I_{\mathrm{GSS}}=10^{-13}\ \mathrm{A}$。PE 传感器参数：$Q_{\mathrm{PE}}=10\ \mathrm{pC/g}$，$V_{\mathrm{PE}}=10\ \mathrm{mV/g}$，$C_{\mathrm{PE}}=1000\ \mathrm{pF}$，$f_{0}$=30 kHz，$m=10\ \mathrm{g}$，$Q=20$，$\eta=0.01$。

根据式（7.47）计算 a_{ntot} 的理论值，并与实测结果进行比较。利用 HP 3562A 动态信号分析仪测量 IEPE 加速度计输出的噪声电压谱密度 v_{nout}。通过下面的关系式计算加速度谱密度得到 a_{ntot} 的实际值：

$$a_{\mathrm{ntot}}=\frac{v_{\mathrm{nout}}}{S},\quad S=Q_{\mathrm{PE}}G_{\mathrm{q}},\quad G_{\mathrm{q}}=\frac{G_{\mathrm{v}}}{C_{\mathrm{PE}}}=\frac{1}{C_{\mathrm{f}}} \tag{7.48}$$

在式中，S 是 IEPE 加速度计的灵敏度，单位：mV/g；G_{q} 和 G_{v} 分别是内装电荷放大器的电荷增益和电压增益。在测量电荷放大器电路的噪声电压 e_{namp} 时，依然用电容值等于 PE 传感器固有电容 C_{PE} 电容量的等效电容 C_{e} 代替 PE 传感器。

图 7.3 用曲线绘制出 IEPE 加速度计本底噪声 a_{ntot} 的理论曲线和实测曲线，噪声幅值为等效输入噪声加速度谱密度，其中，曲线 1 是实测结果，曲线 2 是理论计算结果。此外，图中还给出了电荷放大器噪声 a_{namp} 的实测曲线（曲线 3），以及 PE 传感器噪声 a_{nPE} 的理论曲线（曲线 4）。

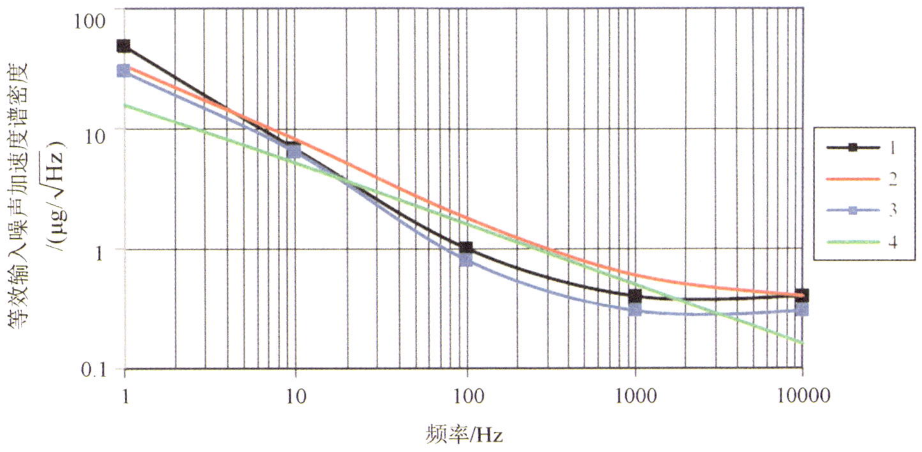

图 7.3 IEPE 加速度计本底噪声的实验曲线（1,3）和理论曲线（2,4）：

1,2–a_{ntot}，3–a_{namp}，4–a_{nPE}

从图中可以看出，IEPE 加速度计噪声的实验结果和理论值有良好的相关性。还可以观察到噪声的频率分布，在 f <10 Hz 的低频段和 f >5000 Hz 的高频段，放大器电路的噪声贡献大于 PE 传感器。在 50 Hz ≤ f ≤1000 Hz 的频率范围内，PE 传感器的噪声贡献占主导地位，高于放大器的噪声。在 10 Hz ≤ f <50 Hz 和 1000 Hz < f ≤5000 Hz 的其他频段，两个噪声源对总噪声的贡献有可比性。

图 7.4 是放大器电路等效输入噪声加速度谱密度 a_{namp} 的理论曲线与实测曲线：曲线 1 是实测曲线，曲线 2 是理论曲线。图中还包括表示放大器噪声源贡献的曲线：曲线 3 是 FET 热噪声与 1/f 噪声结合在一起的噪声 $a_n = \sqrt{e_{n1/f}^2 + e_{nt}^2} / V_{PE}$ 的实测结果，曲线 4 是 FET 栅极电路散粒噪声 a_{ns} 的理论曲线，曲线 5 是偏置电阻的理论噪声曲线，这两条理论曲线都是根据式（7.47）计算的。从图中可以看出，放大器电路噪声的实测曲线（曲线 1）与理论计算曲线（曲线 2）有良好的相关性。在 f ≤100 Hz 的低频段，与放大器的其他噪声源相比，偏置电阻 R_b 造成的噪声 a_{nR_b} 起主导作用。当 f ≥500 Hz 之后，放大器噪声主要取决于 FET 的热噪声 a_{nt}。在 100 Hz< f <500 Hz 的范围内，偏置电阻噪声和 FET 热噪声对放大器总噪声的贡献有同等水平。

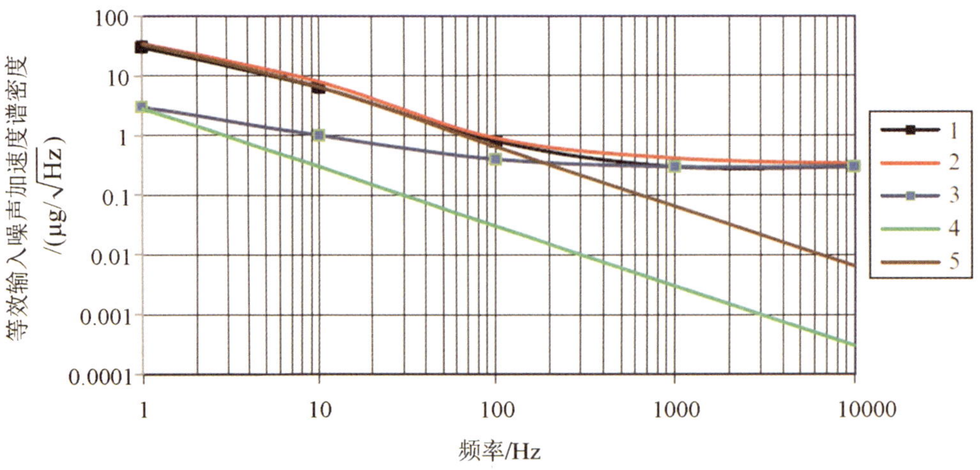

图 7.4　FET 输入放大器噪声的实验曲线（1,3）和理论曲线（2,4,5）：

1,2– a_{namp}，3 – a_n，4 – a_{ns}，5 – a_{nR_b}

图 7.5 给出 PE 传感器热噪声和机械热噪声对 PE 传感器总噪声的贡献。在图中，用等效输入噪声加速度谱密度表示噪声幅值，PE 传感器的总噪声 a_{nPE}（曲线 1）以及其电热噪声 a_{ne}（曲线 2）和机械热噪声 a_{nm}（曲线 3）均是根据式（7.47）的理论计算结果。从图中可看出，$a_{nPE} \approx a_{ne}$，且 $a_{ne} \gg a_{nm}$。因此，可以认为在整个频率范围内，机械热噪声 a_{nm} 的贡献远小于电热噪声 a_{ne}。

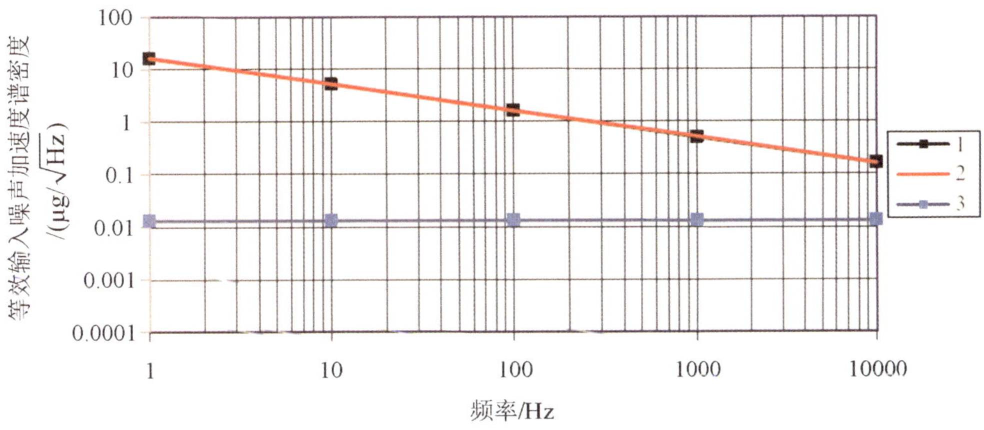

图 7.5　PE 传感器噪声的理论曲线：1– a_{nPE} , 2– a_{ne} , 3– a_{nm}

参考文献

1. (2009) Model 86 seismic accelerometer. Specification sheet. Meggitt, Endevco. https://www.endevco.com/datasheets/86.pdf
2. (2009) Seismic accelerometer model 731A, Data sheet, rev. C4, Wilcoxon Research, Germantown,MD
3. Seismic accelerometer model 393B31, Data sheet, PCB Piezotronics, Depew, NY. Available online: http://www.pcb.com
4. Schloss F (1993) Accelerometer noise. Sound and Vibration, pp. 22–23
5. Gabrielson TB (1993) Mechanical-thermal noise in micromachined acoustic and vibration sensors. IEEE Trans Electron Devices 40:903–909
6. Gabrielson TB (1996) Modeling and measuring self-noise in velocity and acceleration sensors, vol. 368. In: Proceedings of American Institute of Physics Conference, pp. 1–48
7. Wlodkowski PA and Schloss F (2001) Advances in acoustic particle velocity sensors, Presented at the Workshop Directional Acoustic sensors, Newport, RI
8. Wlodkowski PA, Deng K, Kahn M (2001) The development of high-sensitivity, low-noise accelerometers utilizing single crystal piezoelectric materials. Sens Actuators A Phys 90 (1–2):125

9. Zhang S et al (2002) Piezoelectric shear coefficients of Pb(Zn1/3Nb2/3)O3-PbTio3 (PZNT, PT<9%) single cryst. Jpn J Appl Phys 41:L1099–L1102
10. Levinzon FA (2012) Ultra-low-noise seismic piezoelectric accelerometer with integral FET amplifier. IEEE Sensor J 12(6)
11. Levinzon FA (2004) Fundamental noise limit of piezoelectric accelerometer. IEEE Sensor J 4(1)
12. Levinzon FA (2005) Noise of piezoelectric accelerometer with integral FET amplifier. IEEE Sensor J 5(6):1235–1242
13. Levinzon FA, Vandamme LKJ (2011) Comparison of 1/f noise in JFETs and MOSFETs with several figures of merit, Fluctuation and noise letters. World Scientific 10(4):447–465
14. Levinzon FA (2005) Measurement of low-frequency noise of modern low-noise junction field effect transistors. IEEE Trans Instrum Meas 54(6):2427–2432
15. (1996) Section B, JFET data sheets. In: Semiconductor databook, Vol 3(4). InterFET Corporation, Garland, TX, pp B1–B70
16. Van der Ziel A (1970) Noise, sources, characteristics, measurement. Prentice-Hall, Englewood Cliffs, NJ
17. Cobbold RSC (1970) Noise in field-effect transistors, ch. 9. In: Cobbold RSC (eds.) Theory and applications of field-effect transistors. New York, Wiley-Intersience, pp. 305–355
18. Scholten AJ et al (2003) Noise modeling for RF CMOS circuit simulation. IEEE Trans Electron Devices 50:618–632
19. Jindal RP (2006) Compact noise model for MOSFETs. IEEE Trans Electron Devices 53:2051–2061
20. Li Z et al (2009) Compact channel noise models for deep-submicron MOSFETs. IEEE Trans Electron Devices 56:1300–1308
21. Vandamme LKJ, Hooge FN (2008) What do we certainly know about 1/f noise in MOSTs? IEEE Trans Electron Devices 55:3070–3085
22. Hooge FN (1994) 1/f noise sources. IEEE Trans Electron Devices 41:1926–1935
23. Hooge FN, Kleinpenning TGM, Vandamme LKJ (1981) Experimental studies on 1/f noise. Rep Prog Phys 44:479–532
24. Vandamme LKJ, Li X, Rigaud D (1994) 1/f noise in MOS devices mobility or number fluctuations? IEEE Trans Electron Devices 41:1936–1945
25. Boser BE, Howe RT (1996) Surface micromachined accelerometers. IEEE J Solid-State Circuits 31(3):366–375

第 8 章　超低噪声 IEPE 地震加速度计

关键词　圆弯曲模式；达林顿电路；FET 输入放大器；弯曲模式；IEPE 地震加速度计：结构，特性，低噪声工作关键因素；低噪声，保护电路，工作原理图，先进水平，超低噪声；低噪声加速度计；低噪声 FET 放大器；加速度计噪声测量方法；PE 传感器；压电；稳定平台；温度补偿电路

本章介绍两个型号 IEPE 地震加速度计的设计，这两个型号可能代表着目前最低本底噪声（就传感器的体积和重量而言）、最低工作频率（接近直流）IEPE 传感器的最高技术水平。其中型号 1 的质量约 770 g，本底噪声（等效输入噪声加速度谱密度）约为 37，7，3　ng/$\sqrt{\text{Hz}}$（f =1，10，100 Hz），其频响指标为 0.003～200 Hz（±3 dB）。型号 2 是质量为 170 g 的紧凑型地震传感器，其噪声指标为 90，25，10　ng/$\sqrt{\text{Hz}}$（f =1，10，100 Hz），频响指标为 0.02～500 Hz（±3 dB）。这两个型号的传感器都由超低噪声 FET 输入电荷放大器和高灵敏度 PE 传感器构成。除了有超低噪声特性以外，作为地震 IEPE 传感器，这两个型号加速度计还有更吸引人的技术指标：最高工作温度 100 °C，输出阻抗≤10 Ω，型号 1 冲击极限 250 g pk，型号 2 冲击极限 400 g pk。提出了低噪声工作的关键因素。在美国国家标准与技术研究院（NIST，National Institute of Standards and Technology）直接测量型号 1 的噪声指标，测量结果与基于 PE 传感器噪声的理论值和内装电荷放大器电路的噪声实测值有良好的相关性。正是由于该传感器的超低噪声特性才使之应用在了世界上最稳定的激光系统，该激光系统用于 NIST 主导的原子钟研究。

8.1 引言

在 IEPE 加速度计中有这样一类加速度计，与其他应用目的 IEPE 传感器相比，其特性表现为具有非常低的本底噪声（在 1 Hz 约几十 ng/$\sqrt{\text{Hz}}$，在 f ≥100 Hz 约几个 ng/$\sqrt{\text{Hz}}$）；非常低的工作频率（通常＜1 Hz）；以及高灵敏度（一般是 1 V/g 或 10 V/g）[1-5]。这一类传感器通常称之为 IEPE 地震加速度计。

地震加速度计不只有压电原理这一个类型，还有基于其他工作原理和结构的地震加速度计，如变电容 MEMS 加速度计 [6-8]、折叠摆式加速度计 [9-10]。在这些不同类型的地震传感器中，折叠

摆式加速度计可能是本底噪声最低的传感器，但其体积偏大且结构复杂[10]。最常用的是 IEPE 和 MEMS 地震传感器。

地震加速度计有多种应用领域，例如：结构监测[11]，地震学和地震测量[12-13]，安装精密仪器和装置的隔震与稳定平台[5,10]，航天器测试和环境噪声测量[14]，大型天线动态测量[15]，石油勘探[8]，甚至已应用到引力波探测器的主动地震隔离器这样异乎寻常的领域[10]。本章内容主要基于作者的研究工作[5]。

8.2 IEPE 地震加速度计设计

IEPE 地震加速度计由超低噪声电荷放大器和高灵敏度 PE 传感器组成。图 8.1 给出该加速度计的基本配置以及与信号适调电路的接口。

在图 8.1 中，e_{PE} 表示固有电容为 C_{PE} 的 PE 传感器开路输出电压。直流负反馈电路中的偏置电阻 R_b 与分压电阻 R_2 / R_3 为 JFET 提供偏置电压和稳定的直流工作点。C_f 是电荷放大器反馈电容，选择不同电容值可调整电荷放大器增益，进而确定整个传感器的灵敏度。通过改变电阻 R_2 和 R_3 的阻值可以调节 JFET 的偏置电压和整个电路的直流工作点。

电荷放大器由两级直接耦合电路构成：基于低噪声 JFET 的输入级和基于双极性三极管的输出级。输出级采用达林顿三极管，使得传感器输出阻抗达到 $R_{out} \leqslant 10\ \Omega$ 的水平。该输出电阻指标比现有 IEPE 地震传感器低一个数量级[2-3]。

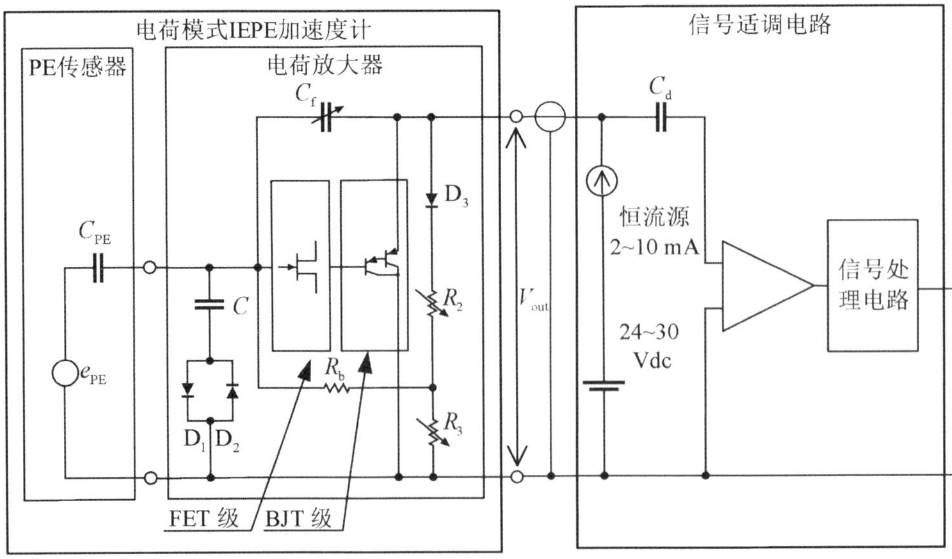

图 8.1 IEPE 地震加速度计基本配置以及与信号适调电路的接口

电荷放大器的原理设计除了追求低噪声特性之外，还提供−20～+100 ℃的宽工作温度范围，输入瞬时电压冲击保护和 $R_{out}\leqslant 10\Omega$ 的低输出阻抗。

为了在规定的工作温度范围内提供稳定的性能指标，在电荷放大器电路中增加了 JFET 温度漂移补偿电路，该电路由二极管 D_3 和电阻 R_2 和 R_3 组成。随着温度升高，JFET 的漏电流 I_{GSS} 呈指数倍增长。I_{GSS} 流过高阻值电阻 R_b，导致 JFET 的栅-源电压 V_{GS} 随温度变化。与 R_2、R_3 串联的二极管 D_3 为 JFET 电路提供直流负反馈，使 V_{GS} 随温度反方向变化。该技术解决方案可将传感器工作温度范围延伸到 100 ℃。而已有 IEPE 地震加速度计的最高工作温度为≤65 ℃[2-3]。

二极管 D_1、D_2 和电容 C 构成输入保护电路。众所周知，JFET 自身能承受很高的瞬态冲击输入电压[16]，但为什么还需要这样的保护电路呢？这是因为在设计 IEPE 地震加速度计时，往往采用高灵敏度 PE 传感器，在实际应用过程中，PE 传感器可能输出能造成 JFET 失效的瞬时高电压。为了防止这种潜在的危害，有必要在电荷放大器电路中增设输入保护电路。无论在放大器的输入端出现正向还是负向瞬时高电压，D_1、D_2 二极管必有一只导通，从而在放大器输入端形成电容分压 C/C_{PE}，其传输系数 C_{in} 为：

$$C_{in}=\frac{1}{1+\dfrac{C}{C_{PE}}} \tag{8.1}$$

举例说明，如果设计成 $C=3C_{PE}$，则作用到 JFET 栅极的瞬时信号电压被降低 4 倍。该保护电路能为型号 1 加速度计提供 250 g pk 的冲击极限指标，为型号 2 加速度计提供 400 g pk 的冲击极限指标。

用同轴电缆将传感器与有一定距离的信号适调电路连接。信号适调电路在为 IEPE 地震加速度计中的电荷放大器电路供电的同时，还附加有信号放大和信号处理功能。24～30 Vdc 稳定直流电源和 2～10 mA 的恒流源组成供电电路。为了降低噪声，用恒流二极管（如 1N5312）作为恒流源，用可充电镍铬（NiCd）电池作为直流电压源。在信号适调电路中，必须选用低噪声放大器（如 OPA227）以使信号适调电路噪声达到可忽略的程度。

8.3 IEPE 地震加速度计结构

图 8.2 和图 8.3 分别给出所设计 IEPE 地震加速度计的结构示意图和实物照片。两个型号均采用圆柱外形和双芯插座。型号 1 传感器外形和质量较大，直径约 65 mm，高约 56 mm，质量约 770 g。型号 2 传感器外形较小，质量更低，直径约 30 mm，高约 37 mm，质量约 170 g。

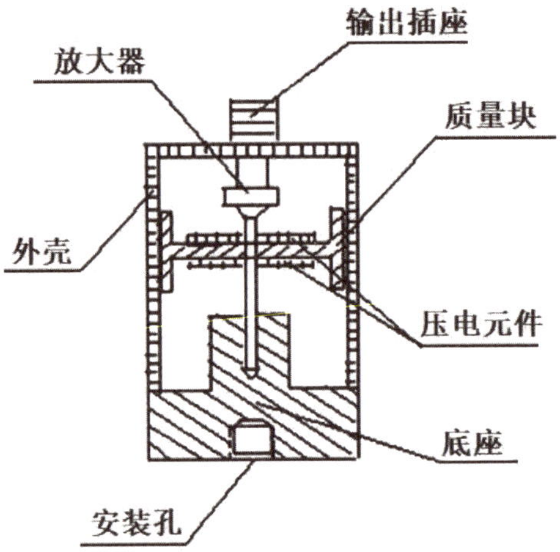

图 8.2 **IEPE** 地震加速度计结构示意图

图 8.3 **IEPE** 地震加速度计实物照片

两个型号加速度计中的 PE 传感器均采用圆弯曲模式，从而实现高电荷灵敏度、低共振频率和低热电效应特性 [1-4, 17-21]。PE 传感器结构包含质量块、PZT 压电陶瓷材料制作的压电元件（晶体）和不锈钢外壳。质量块加工成一体，但几何形状包含两个部分：圆筒形部分和横梁部分。横梁部分与 PE 元件对中固定，圆筒部分的轴向与振动轴一致。当加速度沿圆筒轴向作用到传感器底座上时，质量块的惯性产生迫使压电元件弯曲的力，压电元件产生与输入加速度计成正比的电信号。PE 传感器所采用的弯曲模式结构有运动放大作用，进而保证 PE 传感器具有高电荷灵敏度

Q_{PE} 和高电压灵敏度 V_{PE}。

$$Q_{PE} = V_{PE} C_{PE} \tag{8.2}$$

高电压灵敏度 V_{PE} 可减小电荷放大器噪声对 IEPE 加速度计总本底噪声的贡献 [22-23]。

内装电荷放大器电路制作在直径 14 mm 采用镀金工艺的陶瓷复合基板上。元器件封装既有表贴型（SMT）又有管芯形式，利用导电树脂或绝缘树脂组装在基板上。借助丝焊工艺实现管芯器件与基板布线导体间的连接。用环氧树脂覆盖所有丝焊导线和管芯器件，以防传感器组装过程的意外损伤。放大器电路输出采用双芯插座，PE 传感器输出线用覆有绝缘材料的金导线连接。陶瓷复合基板置于内屏蔽壳之内，内屏蔽壳与传感器的外壳绝缘，以避免形成地回路。图 8.4 给出电荷放大器复合基板的实物照片。

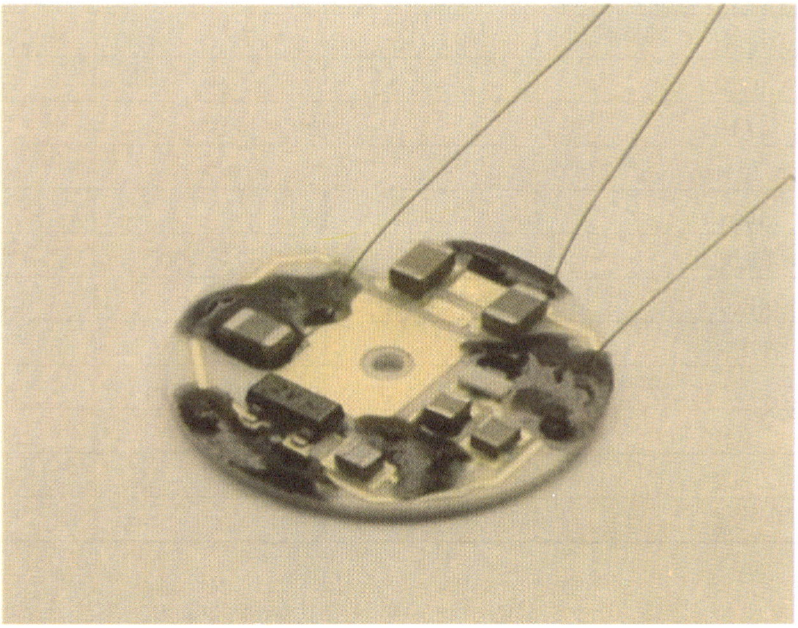

图 8.4　电荷放大器复合基板实物照片

8.4　IEPE 地震加速度计性能指标

本章所设计两个型号 IEPE 地震加速度计的性能指标如表 8.1 所示。其中传感器本底噪声指标包含宽带（1 Hz～1 kHz）等效输入噪声加速度（单位：ng rms），以及对应频率 0.1，1，10，100 Hz 的等效输入噪声加速度谱密度（单位：$\mathrm{ng}/\sqrt{\mathrm{Hz}}$）。

表 8.1 IEPE 地震加速度计性能指标

性能指标	单位	型号 1	型号 2
电压灵敏度	V/g	10	10
最大量程	g	±0.5	±0.5
频率响应（±1 dB）	Hz	0.005～100	0.05～380
频率响应（±3 dB）	Hz	0.003～200	0.02～500
共振频率	Hz	370	1220
工作温度	°C	−20～+100	−20～+100
输出偏压	Vdc	+9～+13	+9～+13
输出阻抗	Ω	≤10	≤10
最大量程输出电压	V	±5	±5
本底噪声（等效输入噪声加速度）			
宽带（1 Hz～1 kHz）	ng rms	100	300
频谱：	$\text{ng}/\sqrt{\text{Hz}}$		
0.1 Hz		600	800
1 Hz		37	90
10 Hz		7	25
100 Hz		3	10
电源电压	Vdc	+24～+30	+24～+30
供电电流	mA	2～10	2～10
冲击极限	G pk	250	400
外形尺寸：			
直径	mm	64.8	28.6
高度	mm	55.5	37.3
质量	g	771	170

众所周知，在常规实验室环境不可能直接测量这类传感器的噪声，因为会存在不同程度的环境振动噪声和其他干扰因素。因此，为了估算 IEPE 地震加速度计的噪声，把噪声谱 a_{n} 作为 IEPE 加速度计的两个互不相关噪声源之和 [22-23]：

$$\overline{a_{\text{n}}^2} = \overline{a_{\text{namp}}^2} + \overline{a_{\text{nPE}}^2} \tag{8.3}$$

在式（8.3）中，a_{nPE} 和 a_{namp} 分别代表 PE 传感器和电荷放大器的噪声。在电荷放大器输入端用等于 PE 传感器固有电容 C_{PE} 的等效电容器代替 PE 传感器，可以直接测量电荷放大器的噪声 a_{namp}。在单独测量电荷放大器电路的噪声时，必须将放大器电路置于金属屏蔽盒内，以防环境电磁场的干扰。

用下式计算 PE 传感器的噪声 a_{nPE} [22-23]。

$$\overline{a_{\text{nPE}}^2} = \overline{a_{\text{ne}}^2} + \overline{a_{\text{nm}}^2} = 4k_{\text{B}}T\left(\frac{\eta}{\omega C_{\text{PE}}V_{\text{PE}}} + \frac{0.01\omega_0}{mQ}\right) \tag{8.4}$$

在式（8.4）中，a_{ne} 和 a_{nm} 分别代表 PE 传感器等效输入噪声加速度谱密度（单位：$\text{g}/\sqrt{\text{Hz}}$）的电热噪声和机械热噪声两个组成部分。$k_{\text{B}}$ 是波尔兹曼常数（$k_{\text{B}}=1.38\times10^{-23}$ J/K），T 是绝对温度（单位：K），$\omega=2\pi f$，$\omega_0=2\pi f_0$，f 代表频率，f_0 是 PE 传感器的谐振频率，η 是压电元件耗散因数，m 是质量块质量，Q 是 PE 传感器的品质因数。

图 8.5 和图 8.6 分别给出 1 号和 2 号加速度计幅频响应特性曲线。频响曲线低频端的下降特性取决于电荷放大器低频响应特性。频响曲线高频端的上翘趋势主要来自 PE 传感器的谐振特性。型号 1 的频率响应范围：0.003～200 Hz（±3 dB）；型号 2 的频率响应范围：0.02～500 Hz（±3 dB）。

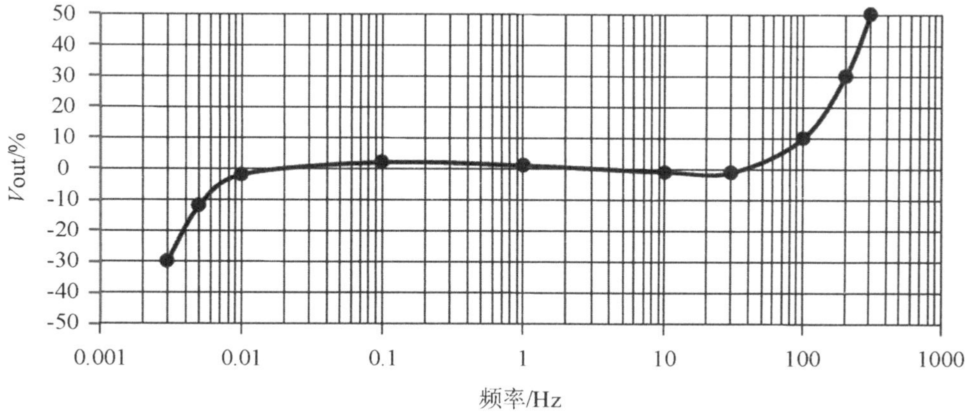

图 8.5　型号 1 加速度计频率响应特性曲线

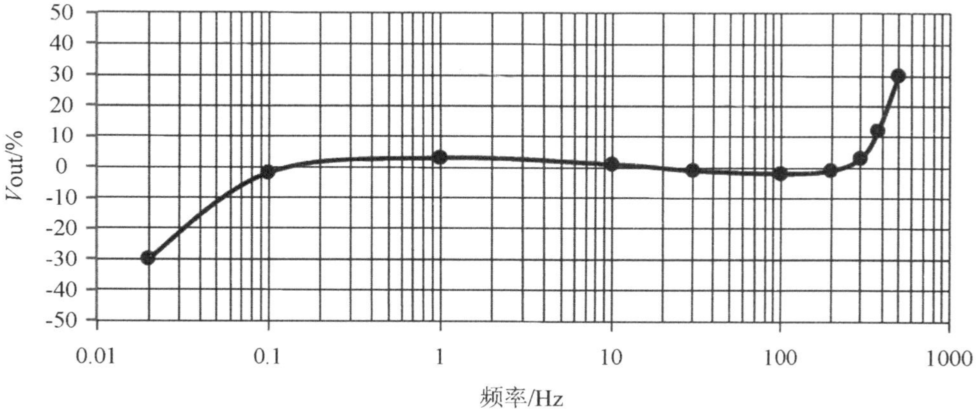

图 8.6　型号 2 加速度计频率响应特性曲线

图 8.7 给出这两个型号加速度计灵敏度温度响应特性曲线。相对于 25 ℃，在温度范围−20～+100 ℃ 内，灵敏度偏差为−15 %～+10 %。

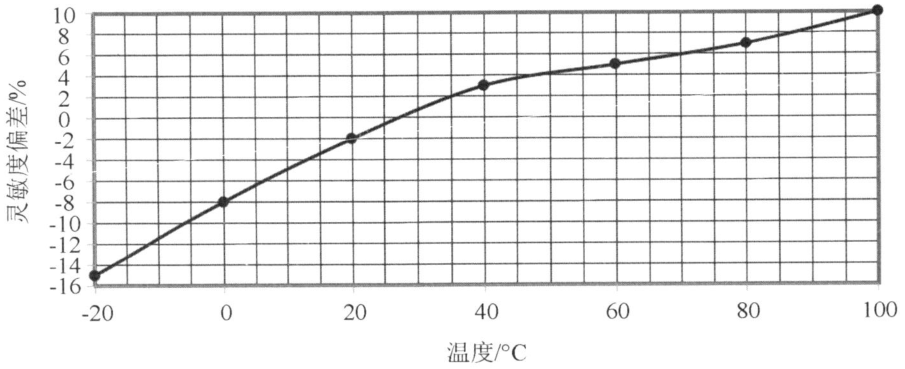

图 8.7　型号 1,2 地震加速度计灵敏度温度响应特性

为了验证估算的型号 1 加速度计噪声谱 a_n，利用 NIST 的稳定隔震平台直接测量其噪声。该平台可将被测传感器与环境振动噪声源实施有效隔离，从而得到相对准确的测量结果。后面还将详细叙述在 NIST 进行噪声测量的方法。

表 8.2 给出本章所设计的两个型号超低噪声 IEPE 地震加速度计与代表目前技术水平的低噪声 IEPE 加速度计和 MEMS 加速度计性能特点的比较。在表中，IEPE 加速度计包括本章所设计的两个型号加速度计，Wilcoxon Research （WR）的 731A 型和 PCB 公司的 393B31 型。Colibrys 公司的 SF3000L 型是 MEMS 加速度计，Kistler 公司的 8330A3 型是伺服式加速度计。引用参数均来自这些产品的数据表 [2-3, 6-7]。

图 8.8 给出型号 1 和型号 2 加速度计的本底噪声曲线（分别对应曲线 1 和曲线 2），以及代表目前最高技术水平同类加速度计的本底噪声曲线，图中纵坐标用等效输入噪声加速度谱密度（单位：$\mathrm{ng}/\sqrt{\mathrm{Hz}}$ ）表示噪声幅值。在此特别指出，曲线 3 是 Wilcoxon Research 的 731A 和 PCB 的 393B31（这两个型号有大致相同的噪声水平）。曲线 4 和曲线 5 分别对应 Colibrys 公司的 SF3000L 型 MEMS 加速度计和 Kistler 公司的 8330A3 型伺服式加速度计。曲线 3～5 数值均来自各比对型号的产品数据表。

型号 1 和型号 2 加速度计与现有最高水平 IEPE 地震加速度计相比，从体积和质量上来讲，噪声指标最低。无疑，型号 1 加速度计与现有 IEPE 加速度计 WR 公司的 731A 型和 PCB 公司的 393B31 型在体积和质量上属于同一个水平，而在频率 1 Hz 的等效噪声加速度谱密度($\mathrm{ng}/\sqrt{\mathrm{Hz}}$ ）则比这两个型号都要低 1.6 倍，在频率 10～100 Hz 范围内低 1.4 倍。如果用噪声加速度功率谱密度 PSD （g^2/Hz）来衡量，则型号 1 加速度计在同样的频率上比上述两个型号分别低 2.6 倍和 2

倍。在<1 Hz 的频率范围，可以预测，与上述两个型号加速度计相比，型号 1 加速度计有更好的噪声特性，保守估计等效噪声加速度谱密度低不小于 2 倍，如换算成噪声加速度功率谱则低不小于 4 倍。型号 2 紧凑型加速度计不能与其他 IEPE 加速度计比较噪声指标，因为从体积和质量上没有可比性。

除了超低噪声特性之外，本章所设计的 IEPE 地震加速度计有更低的低频响应（型号 1 加速度计 $f_{-3dB} = 0.003$ Hz，型号 2 加速度计 $f_{-3dB} = 0.02$ Hz，而参与比较的加速度计低频下限频率分别是 0.04 Hz 和 0.05 Hz）；输出阻抗低一个数量级（R_{out} ≤10 Ω相对于 100 Ω）；更宽的工作温度范围；以及高于对比加速度计 6 倍的耐冲击能力[2-3]。

表 8.2 所设计加速度计与代表目前最高技术水平低噪声 IEPE 地震加速度计和 MEMS 加速度计的性能比较

参数	单位	1 号加速计	2 号加速度计	WR 731A	PCB 393B31	colibrys SF3000L	Kistler 8330A
灵敏度	V/g	10	10	10	10	1.2	1.2
量程	±g	0.5	0.5	0.5	0.5	3	3
频响（−3 dB）	Hz	0.003～200	0.02～500	0.05～450	0.04～500	0～1000	0～2700
谐振频率	Hz	370	1220	750	700		6600
工作温度	°C	−20～+100	−20～+100	−10～+65	−18～+65	−40～+85	−40～+125
输出偏压	Vdc	9～13	9～13	9	8～14	±0.24	±0.26
输出阻抗	Ω	≤10	≤10	100	500		<40
满量程输出电压	±V	5	5	5	5	3.6	3.6
本底噪声	$ng/\sqrt{Hz}$						
0.1 Hz		600	800				
1 Hz		37	90	60	60		400
10 Hz		7	25	10	10	300～500	400
100 Hz		3	10	4	4	300～500	400
电压源	Vdc	24～30	24～30	18～30	24～28	±6～±15	±6～±15
电流源	mA	2～10	2～10	2～10	2～10	30	8.5
冲击极限	g pk	250	400	15	40	1000	1500
外形尺寸	mm						
直径	mm	64.8	28.6	62	57		
高度	mm	55.5	37.3	53	53		
质量	g	771	170	775	635	455	28.5

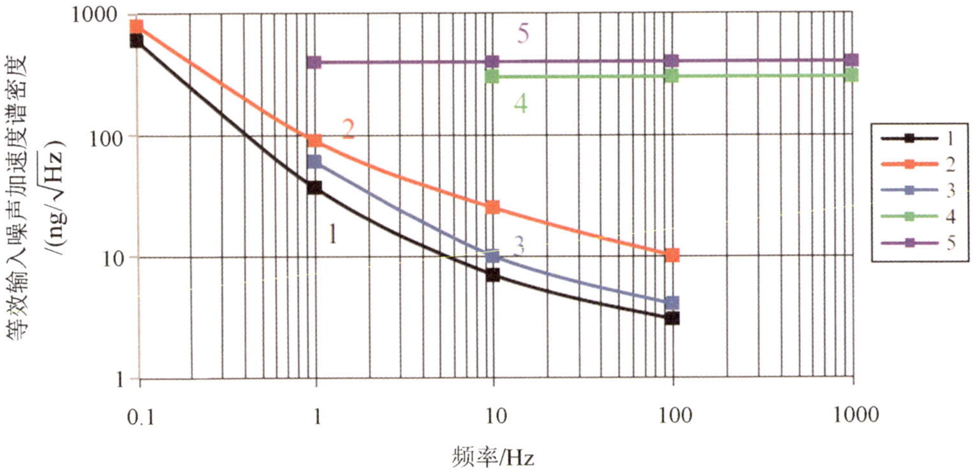

图 8.8　两个型号加速度计与目前最高水平低噪声加速度计的比较。

8.5　超低噪声 IEPE 加速度计设计关键因素

- 两个型号地震加速度计的设计以第 7 章 IEPE 加速度计噪声分析和作者的研究论文[22-23]为基础。在第 7 章推导出等效输入噪声电压和等效输入加速度噪声谱密度表达式（7.46）和（7.47）。这两个表达式表明了来自放大器主噪声源的噪声和压电传感器噪声对 IEPE 加速度计本底噪声的贡献。
- 电荷放大器电路的设计立足于使之有尽可能低的噪声。为此，主要问题是解决电荷放大器的原理设计方案，选择低噪声有源器件（关键是 JFET）和无源元件，优化偏置电阻 R_b 的电阻值。为了降低 JFET 的热噪声、1/f 噪声和栅极电路的散粒噪声，在设计传感器电荷放大器时，选用低 $e_{n1/f}$ 和 I_{GSS} 、高 g_{fs} 参数的 JFET。
- PE 传感器的设计目标是必须能提供足够高的电荷灵敏度 Q_{PE} ，这取决于压电传感器的机械结构。双压电晶体片圆弯曲模式 PE 传感器可提供高电荷灵敏度 Q_{PE} 和低热电效应。压电元件采用 PZT 压电陶瓷。
- JFET 和偏置电阻 R_b 的噪声是主要噪声源。其他噪声源包括双极性三极管、保护电路、温度补偿电路和电源。为了降低系统噪声，用可充电镍镉（NiCd）电池和恒流二极管（如 1N5312）提供恒流供电。在信号适调电路中，也必须选用低噪声放大器，本设计中采用的是低噪声运放 OPA227。
- 电子电路部分必须实施严格屏蔽，以避免受到环境电磁场干扰。在本设计中，电荷放大器电路置于传感器的内屏蔽层之内，内屏蔽层与传感器外壳绝缘，这样既可避免电磁干扰又不易形成接地回路干扰。

8.6 直接测量 IEPE 地震加速度计噪声

众所周知，直接测量低噪声地震加速度计的噪声是一项充满挑战性的工作，因为难以排除环境振动噪声的影响。完成这样的测量任务必须使用与环境噪声隔离的专用静止稳定平台。

型号 1 加速度计的超低噪声特性，使之可应用于承载有世界上最稳定频率激光系统的稳定隔离平台，该平台系统用于 NIST 主导的原子钟研究 [5, 24]。该平台的预期目标是为激光系统提供与环境振动噪声的隔离。这是一个置于 3 m 长橡胶垫上的重型钢制工作台。隔离转折频率约 0.3 Hz。平台能抑制大部分频率在 10 Hz 之上由建筑物和空气传导的振动干扰。

在同样的平台上进行型号 1 加速度计本底噪声的直接测量 [5]。为了进一步降低环境噪声的干扰，在测量中还采取了下列附加措施。

图 8.9 给出测量系统组成框图。系统包含两个通道，每个通道有相同配置，两只振动传感器是表 8.2 给出的型号 1 IEPE 地震加速度计，两路附加放大器：放大器 1 和放大器 2。放大器输出信号，更确切地说是两路放大器输出的噪声被模拟减法器Σ相互抵消。在每个通道中，有两种噪声电压同时出现在加速度计的输出，一是相当于传感器固有噪声的噪声电压，二是环境振动噪声产生的噪声电压。

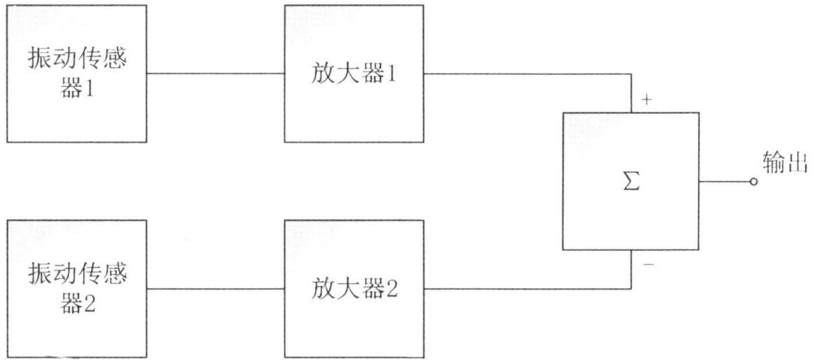

图 8.9 在 NIST 测量加速度计噪声的系统框图

从最基础点开始构建测量系统。用螺栓将两只加速度计的基座连接在一起，放置在一小块泡沫铅垫上，使加速度计的振动轴平行于平台表面，并固定在稳定平台上。信号适调电路放大器的增益完全匹配，在加速度计的频带上有平坦频响特性，放大器放大加速度计输出的噪声电压。在这个测量系统中，由于随机环境振动噪声激励两只加速度计而产生的噪声电压互相关，基本上有共同的模式，因而可被减法器消除。传感器的固有噪声互不相关，因此不能被抵消。

该测量方法可用下述数学公式来描述。地震传感器 1 和 2 输出的噪声电压为 $v_{\text{nout1}}(t)$ 和

$v_{\mathrm{nout2}}(t)$，在时域可表述为：

$$\begin{aligned} v_{\mathrm{nout1}}(t) &= v_{\mathrm{nenv1}}(t) + v_{\mathrm{n\,int\,1}}(t) \\ v_{\mathrm{nout2}}(t) &= v_{\mathrm{nenv2}}(t) + v_{\mathrm{n\,int\,2}}(t) \end{aligned} \tag{8.5}$$

在式（8.5）中，$v_{\mathrm{nenv1}}(t)$和$v_{\mathrm{nenv2}}(t)$表示传感器 1 和 2 受环境振动噪声影响产生的噪声电压，两者互相关：

$$v_{\mathrm{nenv1}}(t) = v_{\mathrm{nenv2}}(t) = v_{\mathrm{nenv}}(t) \tag{8.6}$$

$v_{\mathrm{n\,int\,1}}(t)$和$v_{\mathrm{n\,int\,2}}(t)$分别代表传感器 1 和 2 固有噪声产生的噪声电压，这两个电压互不相关，因而有如下的关系：

$$v_{\mathrm{n\,int\,1}}(t) \neq v_{\mathrm{n\,int\,2}}(t) \tag{8.7}$$

作为噪声电压$v_{\mathrm{n\,int\,1}}(t)$和$v_{\mathrm{n\,int\,2}}(t)$相减的结果，在减法器的输出只得到传感器的固有噪声电压：

$$v_{\mathrm{n}} = v_{\mathrm{nout1}}(t) - v_{\mathrm{nout2}}(t) = v_{\mathrm{n\,int\,1}}(t) - v_{\mathrm{n\,int\,2}}(t) \tag{8.8}$$

假设两只传感器有相同的固有噪声电压，两个通道上的放大器增益相同，则有：

$$\overline{v_{\mathrm{n\,int\,1}}(t)^2} \approx \overline{v_{\mathrm{n\,int\,2}}(t)^2} \approx \overline{v_{\mathrm{n\,int}}(t)^2} \tag{8.9}$$

在减法器的输出得到与单只传感器噪声电压有关的噪声电压v_{n}：

$$v_{\mathrm{n}} = \sqrt{\left(\overline{v_{\mathrm{n\,int\,1}}(t)^2} + \overline{v_{\mathrm{n\,int\,2}}(t)^2}\right)} = \sqrt{2}\sqrt{\overline{v_{\mathrm{n\,int}}(t)^2}} \tag{8.10}$$

实际上，互相关关系式（8.6）和两个通道中传感器以及放大器增益和频响的一致程度并不像上述假设的那样精准。

总之，上述噪声测量系统结合 NIST 稳定平台，能最大限度地抑制环境振动噪声，可为测量超低噪声 IEPE 地震加速度计的本底噪声提供比较满意的条件。图 8.10 所示曲线 1 是型号 1 加速度计在 NIST 测量的本底噪声曲线，曲线 2 是该传感器模型化本底噪声。后者是利用式（8.4）计算 PE 传感器噪声，根据式（8.3）对 PE 传感器噪声和实测电荷放大器的噪声求和。由图 8.10 可知，这两条噪声曲线有很好的相关性。

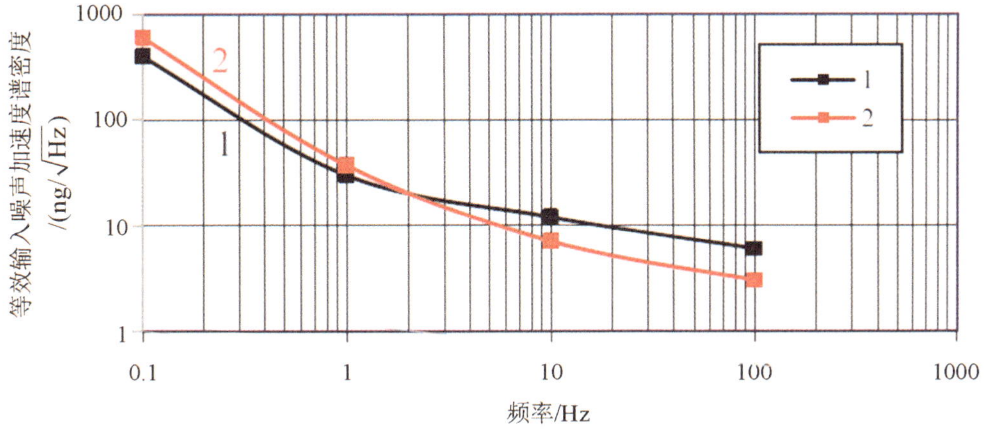

图 8.10　型号 1 加速度计本底噪声的实验曲线（1）和模型化曲线（2）

参考文献

1. Model 86 Seismic accelerometer. Specification Sheet. Meggitt, Orange County, CA. https://www.endevco.com/datasheets/86.pdf
2. Seismic accelerometer model 731A, Data sheet, rev. C4, Wilcoxon Research, Germantown,MD, Aug 2009
3. Seismic accelerometer model 393B31, Data sheet, PCB Piezotronics, Depew, NY. Available online: http://www.pcb.com
4. Model 87 Seismic accelerometer. Specification Sheet. Meggitt, Orange County, CA. https://www.endevco.com/datasheets/87.pdf
5. Levinzon FA (2012) Ultra-low-noise seismic piezoelectric accelerometer with integral FET amplifier. IEEE Sens J 12(6):2262–2268
6. Servo-Beam Accelerometer Type 8330A3, Data Sheet, Kistler, Amherst, NY 2006
7. Seismic Accelerometer SF3000L, Data Sheet, Colibrys Inc., Neuchatel, Switzerland. http:// www.colibrys.com
8. Laine J, Mougenot D (2007) Benefit of MEMS based seismic accelerometers for oil exploration. In: Proceedings of solid-state sensors, actuators and microsystems international conference on transducers, June 2007, pp 1473–1477
9. Brownjohn LMW (2008) Accelerometer noise floor evaluation using a folded pendulum isolator. In: Paper presented at the IMAC 26th international conference, Orlando, FL, Feb 2008

10. Bertolini A et al (2006) Monolithic folded pendulum accelerometers for seismic monitoring and active isolation systems. IEEE Trans Geosci Remote Sens 44(2):273–276. http://authors. library.caltech.edu/5606/
11. Brownjohn LMW Practical considerations for low noise measurements. Dept. Civil Structural Engineering, University of Sheffield, Sheffield, UK. http://www.sem.org
12. Niu F et al (2008) Preseismic velocity changes observed from active source monitoring at the parkfield SAFOD drill site. Nature 454:204–209
13. Chang-Peng L, Li-Li L (2009) Real time detection for anomaly data in microseismic monitoring systems. In: Proceedings of international conference on computational intelligence and natural computing, Wuhan, China, June 2009, pp 307–3010
14. Saponara S et al (2011) Modeling, sensitivity analysis, and prototyping of low-g acceleration acquisition systems for spacecraft testing and environmental-noise measurements. IEEE Trans Instrum Meas 60(2):385–397
15. Snel RC, Mangum JG, Baars JWM (2007) Study of the dynamics of large reflector antennas with accelerometers. IEEE Antennas Propag Mag 49(4):84–101
16. Lenk JD (1974) Handbook of electronic components and circuits. Prentice-Hall, Englewood Cliffs, NJ
17. (2010) Dynamic test handbook. Meggitt, Endevco Corp., San Juan Capistrano, CA
18. Weber M (2013) Accelerometer designs. Metra Mess- und Frequenztechnik in RadebeuleK. http:// www.new.mmf.de/accelerometer_designs.htm
19. Function of piezoelectric accelerometers. PCB Piezotronics. http://www.pcb.com/ TechSupport/Tech_Accel
20. Germano CP (1971) Flexure mode piezoelectric transducers. IEEE Trans Audio Electroacoust 19(1):6–12
21. Cantilever mounted PZT 5A bimorphs. Technical publication TP-245. Morgan Electro Ceramics Web Site. http://www.morgan-electroceramics.com
22. Levinzon FA (2004) Fundamental noise limit of piezoelectric accelerometer. IEEE Sens J 4 (1):108–111
23. Levinzon FA (2005) Noise of piezoelectric accelerometer with integral FET amplifier. IEEE Sens J 5(6):1235–1242
24. Young BG et al (1999) Visible lasers with subhertz linewidths. Phys Rev Lett 82:3799–380

第 9 章　高温 175 ℃ 微型 IEPE 加速度计

关键词　高温 IEPE 加速度计：电路结构，高温工作关键因素，微型化，单轴向，最新技术水平，性能指标，三轴向；高温电子技术：基于硅半导体；高温 FET 放大器：低通滤波器，二阶低通滤波器；温度对 FET 的影响：栅极漏电流，零温度系数工作点

本章介绍最新设计的最高工作温度上限达到 175 ℃，并且以体积小、重量轻为特点的 IEPE 加速度计，共包括：三个系列三轴向加速度计和一个系列单轴向加速度计。175 ℃ 已经接近了行业内微型 IEPE 加速度计的最高工作温度。本章所介绍的传感器，除了具有高工作温度和小型化的特点之外，还有更宽的工作频率范围和低噪声特性，并且在某些型号的内装电路中增加了二阶有源低通滤波器(2-pole active LPF)。其中一个系列的三轴向加速度计有立方体外形，边长 14.8 mm，质量 14 g，灵敏度分为 100 mV/g 和 10 mV/g 两档。另一系列三轴向加速度计有同样的立方形结构，但边长只有 10 mm，质量 5 g，灵敏度分别为 10，1，0.5 mV/g。第三个系列三轴向加速度计有同样的结构和外形，灵敏度为 10 mV/g，但内装电路中增加了二阶有源低通滤波器。单轴加速度计体积为 $8.1\times6.6\times6.4\ mm^3$，质量 1 g，灵敏度为 10 mV/g 和 100 mV/g，也带有二阶有源低通滤波器。滤波器的功能主要是用来抑制 PE 传感器的谐振峰，以及衰减可能导致电子电路饱和的高频振动信号。该类型传感器内置基于电荷和电压放大器原理的微型硅基高温厚膜电路。经超过 1000 小时 175 ℃ 通电测试，传感器性能无退化迹象。

9.1 引言

在许多应用中，要求 IEPE 加速度计具有在高温环境下的工作能力。深井石油勘探，飞机、汽车、卫星和其他空间飞行器的热区振动测量均属于这类应用。

大多数 IEPE 加速度计工作温度范围为−55～+（125～130）℃。其最高工作温度主要受自身内装电子电路所能承受的最高工作温度限制。

因为采用硅基半导体器件，最高温度达到+（165～185 ℃）的微型电子电路设计技术已经取得重大进展，所以使得研制高温微型 IEPE 加速度计成为可能 [1-9]。

没有内装电路的 PE 加速度计，通常称之为电荷模式 PE 加速度计，其最高工作温度能达到 650 °C [10-12]，特殊设计型甚至可达 900 °C [13]。置于热区工作的高温 PE 加速度计，通常连接工作在环境温度≤125 °C 中的远程信号适调仪 [10]。这类高温 PE 加速度计带有能承受超高温度的一体化矿物绝缘金属电缆。

设计 IEPE 加速度计电子电路的另一途径是采用绝缘体上硅（Silicon-on-Insulator）或碳化硅（Silicon Carbide）技术 [14-15]。这两种技术都允许电子电路工作在 200～300 °C 的温度之间。但与硅基电子电路相比，这类传感器通常造价较高，性能也有一定的局限性，且体积较大。对于工作环境温度＜200 °C 的应用，完全可以成功地采用硅基电子电路。

目前在行业内只有为数不多新型高温硅基内装电路 IEPE 加速度计，如 B&K 公司的最高工作温度为 180 °C 的 4527 和 4527-001 型三轴向加速度计 [4]，4526 型单轴向加速度计 [5]。DJB Instruments UK Ltd 的单轴向高温 IEPE 加速度计 A/123/S 和 A/124/E，其最高工作温度为 185 °C [6]。PCB 公司的三轴向和单轴向高温加速度计最高工作温度为 163 °C [7]。Wilcoxon Research 公司的 HT780A、HT786A、HT787A 型单轴向加速度计最高工作温度为 150 °C [8]。

本章介绍的高温加速度计，除了具有175 °C高温工作和微型结构的技术特点，还有其他优良特性，如宽频带、低噪声、体积小和重量轻，这些特性都优于代表行业内现有最高技术水平的高工作温度加速度传感器。此外，目前还没有任何代表着高温传感器技术水平的传感器具有二阶有源低通滤波器功能。下面就本章所设计的高温IEPE加速度计与目前最高技术水平加速度计进行了详细比较。

9.2 175 °C 微型三轴向电荷模式 IEPE 加速度计设计与性能指标

图 9.1 给出 175 °C、灵敏度为 100 mV/g 和 10 mV/g、立方体边长为 14.8 mm 的三轴向 IEPE 加速度计基本配置及其与信号适调电路连接方式。该系列加速度计由高温电荷放大器电路和 PE 传感器组成，属于电荷模式 IEPE 两线制输出加速度计。

在图 9.1 中，e_{PE} 表示固有电容是 C_{PE} 的 PE 传感器开路输出电压。电荷放大器由两级直接耦合放大电路构成：输入级基于 n 沟道 MOSFET，输出级基于 NPN 三极管，提供低输出阻抗。偏置电阻 R_b 与分压电阻 R_2 / R_3 构成直流负反馈电路，在为电荷放大器电路提供稳定的直流工作点的同时为输入级 MOSFET 提供适当的直流偏置电压。C_f 是电荷放大器的反馈电容，改变电容值调整电荷放大器增益，保证传感器最终实现 10 mV/g 和 100 mV/g 的灵敏度。调整电阻 R_2、R_3 阻值调节输出直流偏压。在−55～+175 °C 工作温度范围内，典型直流输出偏压范围为 8～16 Vdc。

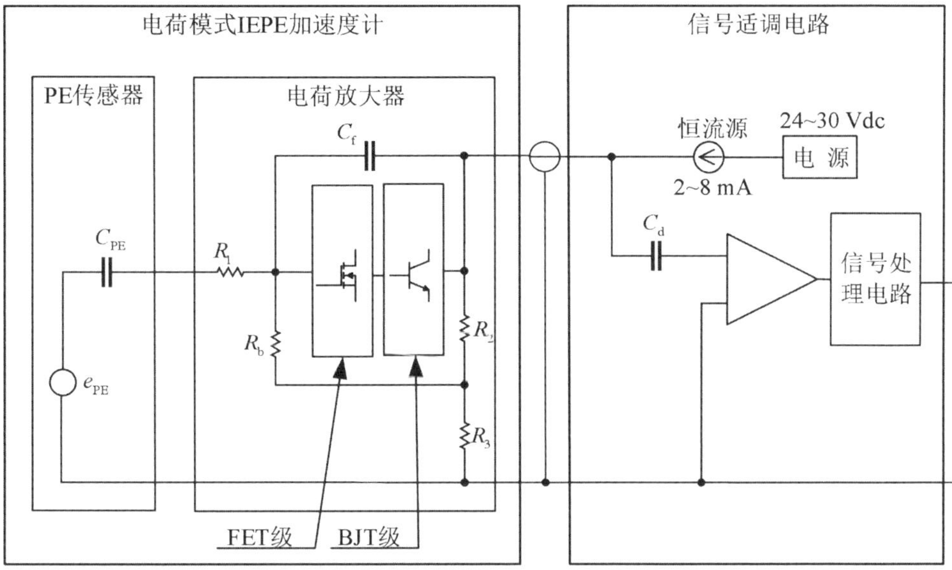

图 9.1　175 ℃、灵敏度 100 mV/g 和 10 mV/g、立方体边长 14.8 mm 三轴向 IEPE 加速度计基本配置及其与信号适调电路的连接方式

图中 PE 传感器采用环形剪切模式，这是 PE 传感器实现高电荷灵敏度、高稳定性和小型化的理想结构形式。压电元件为 PZT 压电陶瓷。

信号适调电路为电荷放大器提供工作电源，并附加信号放大和信号处理功能电路。信号适调电路工作在与 IEPE 加速度计有一定距离且最高环境温度 $T \leqslant 125$ ℃ 的地点。IEPE 加速度计与信号适调电路之间用高温接插件和同轴电缆连接。直流供电电源电压范围为 24～30 Vdc，恒流源电路，例如，采用恒流二极管，为电荷放大器提供 2～8 mA 的恒流供电。信号适调电路中的耦合电容 C_d 消除 IEPE 加速度计输出直流偏压对信号适调电路放大器输入级的影响。从原理上讲，该系统配置方式允许 IEPE 加速度计与信号适调电路间每个通道只用两根导线（输出和信号地）连接，因此，三轴向 IEPE 加速度计只需一个四芯插座就能输出 X，Y，Z 三个轴向的信号，并同时为电路提供工作电流。

表 9.1 给出该系列 IEPE 加速度计的典型性能指标。

图 9.2 是该系列加速度计典型灵敏度温度响应曲线。相对于室温，在最低温度−55 ℃ 灵敏度偏差−12%，在最高温度+175 ℃ 灵敏度偏差+17%。

该系列加速度计采用钛金属外壳且完全焊接密封。图 9.3 是该系列加速度计其中一个型号的实物照片。

表 9.1　175 ℃、灵敏度 100 mV/g 和 10 mV/g 三轴向 IEPE 加速度计的典型性能指标

性能指标	单位	100 mV/g 加速度计	10 mV/g 加速度计
灵敏度	mV/g	100 mV/g	10 mV/g
测量范围	g	±50	±500
频率响应范围（±5%）	Hz	X:　0.7～6000 Y, Z:　0.7～8000	X：　0.2～6000 Y, Z：　0.2～8000
频率响应范围（±1 dB）	Hz	X:　0.5～8000 Y, Z:　0.5～10000	X:　0.15～8000 Y, Z:　0.1～10000
谐振频率	kHz	35	35
工作温度	℃	−55～+175	−55～+175
输出偏压	Vdc	+8～+16	+8～+16
输出阻抗（4～10 mA）	Ω	≤100	≤100
满量程输出电压	V	±5	±5
本底噪声（等效输入噪声加速度）			
宽带噪声（0.1 Hz～10 kHz）	μg rms	450	1400
频谱噪声	$\mu g\sqrt{Hz}$		
1 Hz		100	350
10 Hz		30	100
100 Hz		14	40
1000 Hz		4	15
电源电压	Vdc	+24～+30	+24～+30
恒流电源电流	mA	2～8	2～8
冲击极限	g pk	5000	5000
立方体边长	mm	14.8	14.8
质量	g	14	14

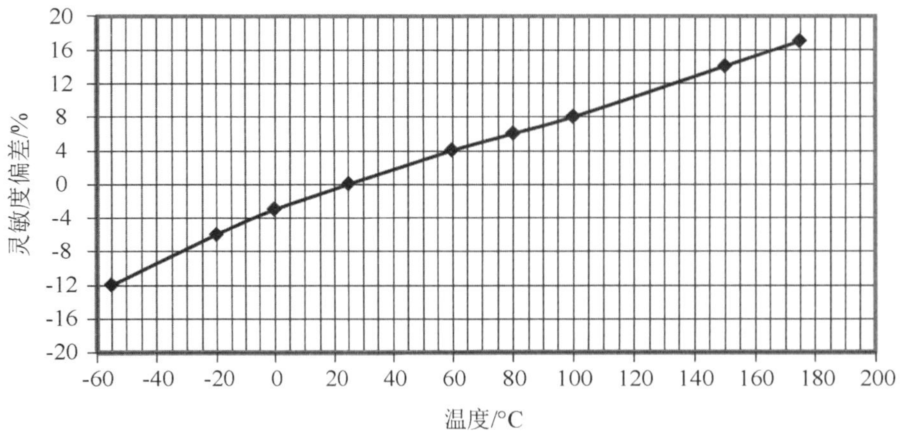

图 9.2　175 ℃、100 mV/g 和 10 mV/g 三轴向 IEPE 加速度计典型灵敏度温度响应特性

图 9.3　175 °C、100 mV/g 三轴向 IEPE 加速度计实物照片

9.3　175 °C 微型三轴向电压模式 IEPE 加速度计设计与性能指标

图 9.4 给出另一系列 175 °C IEPE 加速度计基本配置及其与信号适调电路的连接方式。与上一系列加速度计不同，该系列传感器属于电压模式 IEPE 加速度计，采用高温电压放大器（源极跟随器）电路配接 PE 传感器。传感器灵敏度 10，1，0.5 mV/g 可选，立方体边长 10 mm。

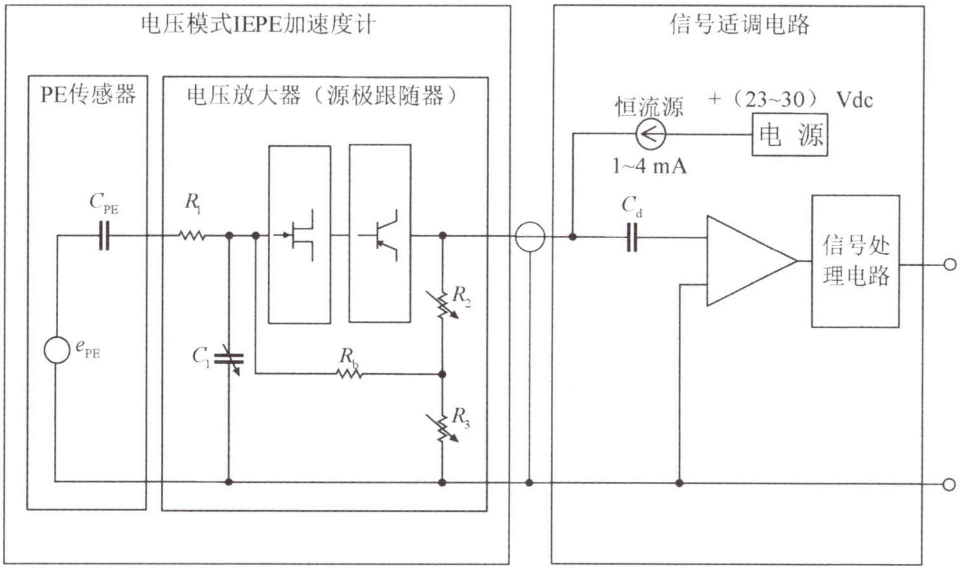

图 9.4　灵敏度 10，1，0.5mV/g、立方体边长 10 mm，175 °C 微型三轴向电压模式 IEPE 加速度计基本配置及其与信号适调电路连接方式

电压放大器是基于两级直接耦合电路的源极跟随器，电压增益 $G_{SF}\leqslant 1$（实际上没有电压放大，只是传输系数）。输入级基于 n 沟道 JFET，输出级基于 PNP 型双极性三极管。电阻 R_1 和 C_1 组成

源极跟随器的输入电路，该电路构成一阶低通滤波器，可用于补偿高频响应。电容 C_1 还用来调整电路增益，使传感器实现 10，1，0.5 mV/g 的输出灵敏度。偏置电阻 R_b 与 R_2 / R_3 分压器共同为 JFET 提供偏置电压，并调节传感器直流输出偏压，在工作温度范围−55～+175 ℃，直流输出偏压变化范围为 8～16 Vdc。

PE 传感器采用环形剪切结构，压电元件为 PZT 压电陶瓷。信号适调电路为每通道提供 23～30 Vdc 电压源，1～4 mA 恒流供电电源。

表 9.2 是该系列传感器的典型性能指标 [1]。

图 9.5 是 175 ℃ 电压模式 IEPE 加速度计典型灵敏度温度响应曲线。在−55～+175 ℃ 的温度范围内，灵敏度偏差变化范围为+8%～−17%。

表 9.2　175 ℃、灵敏度 10，1，0.5 mV/g 三轴向 IEPE 加速度计典型性能指标

性能指标	单位	10 mV/g 加速度计	1 mV/g 加速度计	0.5 mV/g 加速度计
灵敏度	mV/g	10	1	0.5
测量范围	g	±500	±5000	±10000
频率响应范围（±5%）	Hz	5～6000	5～6000	5～6000
频率响应范围（±1 dB）	Hz	3～8000	3～8000	3～8000
谐振频率	kHz	40	40	40
工作温度	℃	−55～+175	−55～+175	−55～+175
输出偏压	Vdc	+8～+16	+8～+16	+8～+16
输出阻抗（4～10 mA）	Ω	≤100	≤100	≤100
满量程输出电压	V	±5	±5	±5
本底噪声（等效输入噪声加速度）				
宽带噪声（1 Hz～10 kHz）	μg rms	1400	4000	8000
频谱噪声	$\mu g\sqrt{Hz}$			
1 Hz		1000	3500	4000
10 Hz		170	350	600
100 Hz		25	70	120
1000 Hz		12	40	80
电源电压	Vdc	+23～+30	+23～+30	+23～+30
恒流电源电流	mA	1～4	1～4	1～4
冲击极限	g pk	10000	10000	15000
立方体边长	mm	10	10	10
质量	g	5	5	5

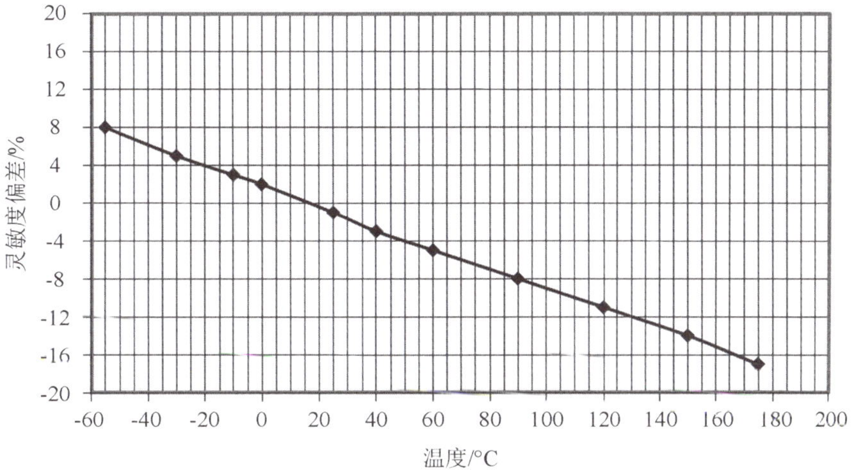

图 9.5　175 °C 三轴向电压模式 IEPE 加速度计典型灵敏度温度响应曲线

图 9.6 是该系列传感器的实物照片，外壳为钛结构焊接密封，立方体部分边长 10 mm。

图 9.6　175 °C，灵敏度 10、1、0.5 mV/g、立方体边长 10 mm 三轴向 IEPE 加速度计实物照片

9.4　附加二阶有源低通滤波器的 175 °C 三轴向微型 IEPE 加速度计

图 9.7 给出附加二阶有源低通滤波器的 175 °C、10 mV/g 三轴向 IEPE 加速度计的基本配置。如图所示，也是高温 PE 传感器和电压放大器（源极跟随器）组成的电压模式 IEPE 加速度计。电压放大器基于两级直接耦合电路，电压增益 $G_{SF} \leqslant 1$（实际上没有电压放大，只是传输系数）。输入级基于 n 沟道 JFET，输出级则基于 PNP 双极性三极管。但与前面的设计不同，在跟随器输入端增加了两个电阻 R_1、R_2 和两个电容 C_1、C_2，从而构成 Sallen-Key 二阶有源低通滤波器 [16]。该系列传感器有 $f_{-3dB} = 2$ kHz 和 $f_{-3dB} = 10$ kHz 两个可选低通滤波转折频率。

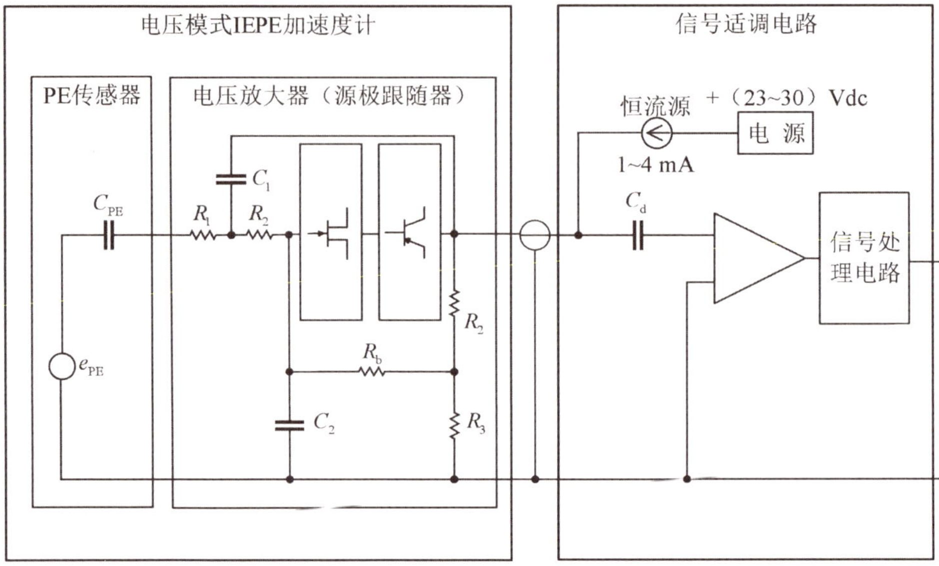

图 9.7　附加二阶有源低通滤波器的 175 ℃、10 mV/g 三轴向 IEPE 加速度计基本配置

附加二阶有源低通滤波器 175 ℃ 加速度计既可满足高温工作条件，又能有效衰减高频高幅值加速度信号或干扰信号，避免高频高幅值加速度信号可能淹没所需低频振动信息；同时也能有效防止内装电子电路出现饱和。此外，该低通滤波器还能有效抑制 PE 传感器的谐振峰。

图 9.8 是该系列加速度计的典型频响曲线。

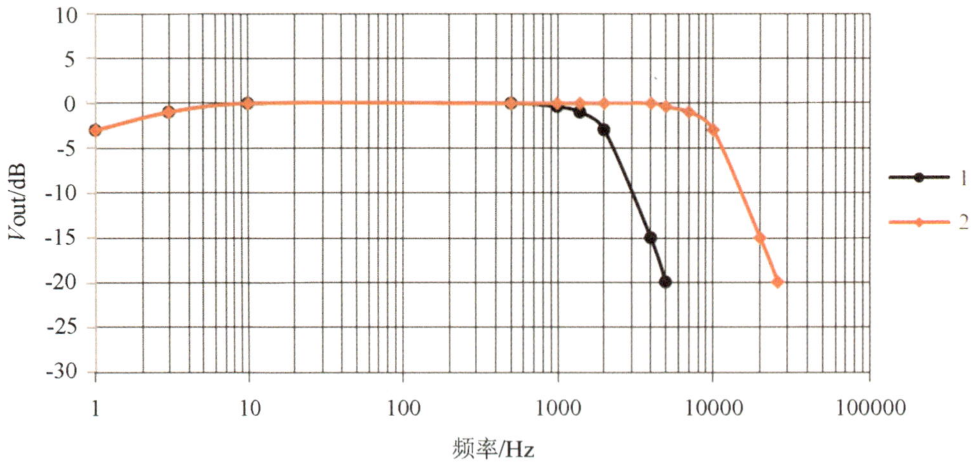

图 9.8　附加二阶低通滤波器 175 ℃、立方体边长 10mm、10 mV/g 三轴向 IEPE 加速度计典型频响曲线 曲线 1：f_{-3dB} = 2 kHz；曲线 2：f_{-3dB} = 10 kHz

表 9.3 给出该系列加速度计的典型性能指标 [3]。

表 9.3 附加二阶有源低通滤波器的 175 ℃、10 mV/g 三轴向 IEPE 加速度计典型性能指标

性能指标	单位	$f_{-3dB}=2$ kHz 加速度计	$f_{-3dB}=10$ kHz 加速度计
灵敏度	mV/g	10	10
测量范围	g	±500	±500
频率响应范围（±5%）	Hz	5～1000	5～5000
频率响应范围（±1 dB）	Hz	3～1400	3～7000
谐振频率	kHz	40	40
低通滤波器转折频率	kHz	2±0.2	10±1
低通滤波器下降斜率	dB/Oct.	10～12.5	10～12.5
工作温度	℃	−55～+175	−55～+175
输出偏压	Vdc	+8～+16	+8～+16
输出阻抗（3～4 mA）	Ω	≤100	≤100
满量程输出电压	V	±5	±5
5 Vpk 输出电压对应饱和加速度	g pk		
5 kHz		≥5000	≥500
10 kHz		≥5000	≥700
40 kHz（谐振频率）		≥350	≥800
本底噪声（等效输入噪声加速度）			
宽带噪声（1 Hz～10 kHz）	μg rms	4000	4000
频谱噪声	$\mu g\sqrt{Hz}$		
1 Hz		1000	1000
10 Hz		170	170
100 Hz		70	40
1000 Hz		70	40
电源电压	Vdc	+23～+30	+23～+30
恒流电源电流	mA	1～4	1～4
冲击极限	g pk	10000	10000
立方体边长	mm	10	10
质量	g	14	14

图 9.9 是该系列 IEPE 加速度计的实物照片。该系列加速度计采用与上一节加速度计相类似的结构。

图 9.9　附加二阶低通滤波器 175 ℃、立方体部分边长 10mm、10 mV/g 三轴向 IEPE 加速度计照片

9.5　附加二阶有源低通滤波器的 175 ℃ 单轴向 IEPE 加速度计

图 9.10 给出附加二阶低通滤波器的单轴向 175 ℃、灵敏度 10 mV/g、体积 8.1×6.6×6.4 mm³、质量 0.8 g 系列加速度计基本配置，该系列加速度计属于电荷模式 IEPE 两线制输出加速度计，内部是高温微型电荷放大器电路与 PE 传感器的组合。

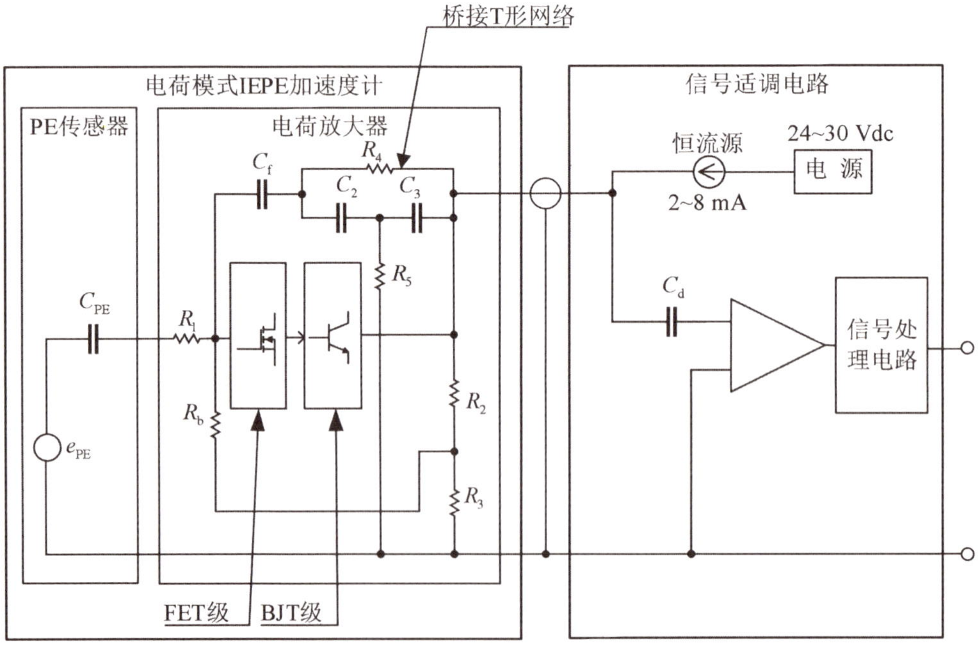

图 9.10　附加二阶有源低通滤波器的 175 ℃ 单轴向 IEPE 加速度计基本配置

电荷放大器由两级直接耦合电路组成：基于 n 沟道 MOSFET 的输入级和基于 NPN 双极性三极管的输出级。在电荷放大器的负反馈电路中增加 C_2、C_3 和 R_4、R_5 组成桥接 T 形阻容网络，该 T 形网络与 C_f 串联构成二阶有源低通滤波器 [17]。与第 9.4 节一样，本节所设计高温 IEPE 加速度计附加的低通滤波器，也有 $f_{-3dB} = 2$ kHz 和 $f_{-3dB} = 10$ kHz 两个可选转折频率。

表 9.4 给出 175 ℃ 附加二阶有源低通滤波器单轴向 IEPE 加速度计性能指标。图 9.11 是该加速度计的实物照片。

表 9.4　175 ℃ 附加二阶有源低通滤波器单轴向 IEPE 加速度计典型性能指标

性能指标	单位	$f_{-3dB} = 2$ kHz 加速度计	$f_{-3dB} = 10$ kHz 加速度计
灵敏度	mV/g	10	10
测量范围	g	±500	±500
频率相应范围（±5%）	Hz	2～1000	2～5000
频率响应范围（±1 dB）	Hz	1～1400	1～7000
谐振频率	kHz	≥45	≥45
工作温度	℃	−55～+175	−55～+175
输出偏压	Vdc	+8～+16	+8～+16
输出阻抗（4～10 mA）	Ω	≤100	≤100
满量程输出电压	V	±5	±5
5Vpk 输出电压对应饱和加速度值	g pk		
5 kHz		≥1000	≥500
10 kHz		≥1000	≥700
40 kHz		≥1000	≥1000
本底噪声（等效输入噪声加速度）			
宽带噪声（1 Hz～10 kHz）	μg rms	8000	8000
频谱噪声	$\mu g\sqrt{Hz}$		
1 Hz		2000	2000
10 Hz		700	700
100 Hz		300	300
1000 Hz		200	200
电源电压	Vdc	+24～+30	+24～+30
电源电流	mA	2～8	2～8
冲击极限	g pk	5000	5000
体积	mm^3	8.1×6.6×6.4	8.1×6.6×6.4
质量	g	0.8	0.8

图 9.11　附加二阶有源低通滤波器 175 °C 单轴向 IEPE 加速度计实物照

表 9.5 给出本章所设计的 175 °C、100 mV/g 三轴向 IEPE 加速度计与代表行业内先进技术水平的高温 IEPE 三轴向加速度计性能指标的比较。对比数据引自相应产品数据表 [4, 7]。可以看出，本章所设计 175 °C、100 mV/g 三轴向加速度计的最高工作温度比 B&K 4527-001 型低 5 °C，但所设计的 IEPE 加速度计工作频带更宽，谐振频率更高，且通带噪声更小。如果与 PCB 的 356A15 型相比，本章所设计加速度计有更高的工作温度和更宽的工作频带。

表 9.6 给出本章所设计 175 °C 单轴向 IEPE 加速度计与代表行业内先进水平高温单轴向 IEPE 加速度计性能指标的比较。对比传感器的数据引自相应产品数据表 [5-6]。可以看出，本章所设计的加速度计最高工作温度比 B&K 的 4526 型低 5 °C，比 DJB 的 A123/S 和 A124/E 型低 10 °C。但与代表最先进水平的 IEPE 加速度计相比，本章所设计的高温 IEPE 加速度计在电路中附加了二阶有源低通滤波器，且体积和质量更小。

9.6　设计高温 IEPE 加速度计技术关键

如上文所述，IEPE 加速度计的工作温度取决于内装电子电路的工作温度。从图 9.1、9.4、9.7、9.10 可以看到，所有放大器均为硅基 FET-BJT 电荷或电压直接耦合放大器。

在此将高温 IEPE 加速度计设计技术关键总结如下：

- 放大器的电路设计对高温工作起着至关重要的作用。必须尽可能简化原理设计，并采取深度交流和直流反馈，以使放大电路在整个工作温度范围内有稳定的工作状态。
- 所采用的元器件，尤其是 FET，必须具有与传感器最高工作温度相匹配的额定工作温度，或在最高工作温度进行持续时间不少于 1000 小时的测试。

- 硅基 JFET 或 MOSFET 是高温工作的基础性器件，必须根据其关键参数的高温特性选择器件类型和型号。

表 9.5 本章所设计 175 ℃、100 mV/g 三轴向 IEPE 加速度计与代表行业先进技术水平高温三轴向 IEPE 加速度计性能指标的比较

性能指标	单位	所设计加速度计 100 mV/g	B&K 4527-001	PCB 356A15
灵敏度	mV/g	100	98	100
测量范围	±g	50	51	50
频率响应范围（±1 dB）	Hz	X: 0.5～8000 Y, Z: 0.5～10000	X ,Y: 0.3～5500 Z:0.3～12800	7～6500
谐振频率	kHz	35	X ,Y: 30 Z: 42	25
工作温度	℃	−55～+175	−60～+180	−54～+163
输出偏压	Vdc	8～16	8.5～14	7～16
输出阻抗（4～10 mA）	Ω	≤100	≤30	≤200
满量程输出电压	V	±5	±5	±5
本底噪声（等效输入噪声加速度）				
宽带噪声	μg rms	450 （0.1 Hz～10 kHz）	600 （0.3 Hz～10 kHz）	500 （1 Hz～10 kHz）
频谱噪声	$\mu g\sqrt{Hz}$			
1 Hz		100		110
10 Hz		30	20	50
100 Hz		14	4	30
1000 Hz		4	2	10
电源电压	Vdc	+24～+30	+22～+30	+24～+30
电源电流	mA	2～8	2～20	2～20
冲击极限	g pk	5000	5100	7000
体积	mm^3	14.8×14.8×14.8	14.2×12.2×10.7	14×14×14
质量	g	14	6	10.5

表 9.6　本章所设计 175 ℃单轴向 IEPE 加速度计
与代表行业内先进技术水平高温单轴向 IEPE 加速度计性能指标的比较

指标参数	单位	所设计带二阶有源低通滤波器加速度计	B&K4526/4526-001	DJBA/123/S A/124/E
灵敏度	mV/g	10	100/10	100/10
测量范围	±g	500	71/714	
二阶低通滤波器	$f_{-3\text{ dB}}$	2 或 10 kHz 可选	无	无
频响范围（±0.5 dB）	Hz	2～1000（$f_{-3\text{ dB}}$=2 kHz）	无数据	1～8000（A/123/S） 1～10000（A/124/E）
		2～5000（$f_{-3\text{ dB}}$=10 kHz）		
频响范围（±1 dB）	Hz	1～1400（$f_{-3\text{ dB}}$=2 kHz）	0.3～8000（4526）	
		1～7000（$f_{-3\text{ dB}}$=10 kHz）	0.1～8000（4526-001）	
谐振频率	kHz	≥45	25	50
工作温度	℃	−55～+175	−54～+180	−50～+185
输出偏压	Vdc	8～16	无数据	8～10
输出阻抗	Ω	≤100（4～10 mA）	无数据	无数据
满量程输出电压	V	±5	无数据	无数据
5 Vpk 对应输出饱和加速度幅值	g pk		无数据	500-750（A/123/S） 450（A/124/E） 无输出电压数据
5 kHz		≥1000		
10 kHz		≥1000		
40 kHz		≥1000		
宽带本底噪声	μg rms	8000（0.1 Hz～10 kHz）	350 无频带数据	3000（A/123/S） 4000/700（A/124/E） 无频带数据
频谱本底噪声	$\mu g\sqrt{Hz}$		无数据	无数据
1 Hz		2000		
10 Hz		700		
100 Hz		300		
1000 Hz		200		
电源电压	Vdc	+24～+30		+15～+35
电源电流	mA	2～8		2～15
冲击极限	g pk	5000	5100	无数据
体积	mm^3	14.8×14.8×14.8	无数据	各异
质量	g	0.8	5（4526）	2.5-5.5 A/123/S
			6（4526-001）	2-2.5（A/124/E）

大多数 JFET 器件存在如下物理温度效应 [18-20]。当 JFET 作为线性放大器时，栅-源电压的有效值 V_{GS}^* 为：

$$V_{GS}^* = \left|V_{GS} - V_{GS(off)}\right| \tag{9.1}$$

在式（9.1）中，V_{GS} 是作用在栅-源间的实际电压，$V_{GS(off)}$ 是夹断电压。$V_{GS(off)}$ 有约 2 mV/°C 的负温度系数，致使漏极电流 I_D 呈正温度系数。沟道电阻率随温度的变化对 I_D 来说又是负温度系数，因此，在 JFET 的转移特性（I_D 与 V_{GS} 的关系）中存在一个零温度系数（Zero Temperature Coefficient，ZTC）工作点 [18-19, 21-23]。在某个特定 V_{GS} 值，在很宽的温度范围内 I_D 保持恒定不变，直到栅极漏电流 I_{GSS} 随着温度升高开始影响工作点为止。这个 I_D 值定义为 I_{DZ} [18-19]：

$$I_{DZ} \approx I_{DSS}\left(\frac{0.63}{V_{GS(off)}}\right)^2 \tag{9.2}$$

在式（9.2）中，I_{DSS} 和 $V_{GS(off)}$ 分别是 JFET 的漏极饱和电流和栅-源极夹断电压。通过调节偏置电阻 R_2、R_3 可以确定零温度系数工作点。

实际上，JFET 的工作点很难准确地对应到零温度系数。因此，在特定温度区域，一般温度达到 T=T_1=70～120 °C 时，式（9.2）不再有效，在 $T \geqslant T_1$ 的温度，JFET 内的其他温度效应开始起主导作用：主要与栅极漏电流 I_{GSS} 有关。I_{GSS} 流过偏置电阻 R_b，会改变 V_{GS} 的值，尤其是 R_b 往往有很高的阻值。此外，JFET 的 I_{GSS} 值随温度呈指数增长，因此，I_{GSS} 必须尽可能低。为了减轻 I_{GSS} 对 JFET 工作点的影响，R_b 的阻值不能选得太高。而另一方面，为了满足低频响应的需要，R_b 的阻值又必须足够高。因此，需要选择最适宜的 R_b 阻值。

对于大多数 MOSFET 器件，转移特性有很宽的零温度系数空间 [23]。在很大程度上其最高工作温度 T_{max} 取决于栅极漏电流 I_{GSS}，I_{GSS} 越低，T_{max} 越高。与 JFET 相比，MOSFET 的 I_{GSS} 更低，且随温度的上升速度也不是那么快。所以，MOSFET 更适合高温工作环境。

同时，必须以高温工作为出发点选择电路的电阻、电容元件，以及其他材料，如电路基板、镀金料、环氧树脂、丝焊导线等。第 3 章已经讨论了电路基板常用材料和元器件的特性，其中已包括了这些元器件和材料在高温工作所需性能。

在高温加速度计中，电荷和电压放大器制作在采用高温金导电浆料金属化的陶瓷基板上，既可采用金丝丝焊工艺，也可采用铝丝丝焊工艺连接电路板上的管芯器件。图 9.12 给出高温陶瓷基板电路的实物照片。元器件用高温导电树脂连接在陶瓷基板上，所有管芯器件均覆盖在高温环氧树脂之下。

图 9.12　高温陶瓷基板电路实物照片

采用有低温度系数的同类金属或材料实现所有元器件与基板之间的连接。这种连接方式可避免焊接形成的合金结构发生退化 [24]。

图 9.13 给出金导线和基板上的镀金布线之间合格丝焊点的显微照片。该照片是高温 IEPE 加速度计电路经 1000 小时、175 ℃ 老化后拍摄的显微照片。在这个基板上，采用高温金导电浆料镀金。可以看到丝焊焊接点很清晰，并且没有合金反应导致的退化。

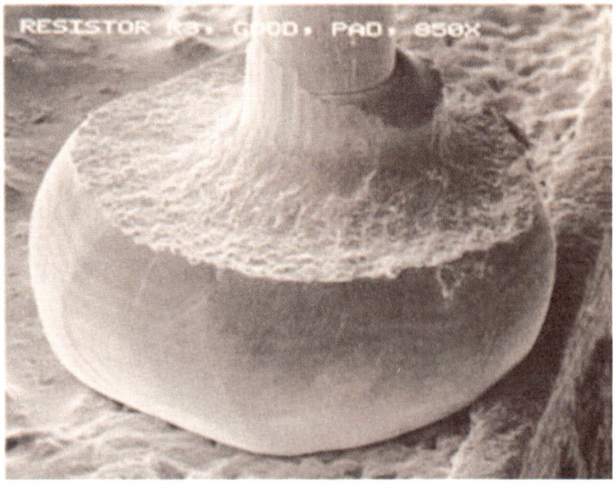

图 9.13　合格丝焊点的显微照片（镀金层采用高温金导电浆料）

作为比较，图 9.14 给出未采用高温金导电浆料的基板上镀金布线和金丝焊导线间的不合格丝焊点形态。可以看出经 1000 小时、175 ℃ 老化后丝焊点的合金出现多余变形。

图 9.14 不合格丝焊点显微照片（镀金层未使用高温金导电浆料）

电路板上的所有电阻，除 R_b 之外，均采用薄膜芯片式可丝焊型电阻器。R_b 也是可丝焊型元件，但属于厚膜电阻器。

电容元件均采用低温度系数 TCC=30 ppm/°C 的表贴 NPO 或 COG 电容。

本章所设计的高温传感器经 1000 小时、175 °C 通电老化后，与初始值比较，灵敏度偏差不大于±3%。

参考文献

1. Isotron® accelerometer Model 65HT, Specifications, Meggitt-Orange County, CA. https://www.endevco.com/wp-content/uploads/65ht6.pdf
2. Model 67 Isotron® accelerometer, Specifications, Meggitt-Orange County, CA. https://www.endevco.com/datasheets/67.pdf
3. Isotron® accelerometer Model 65HTLPF, Specifications, Meggitt-Orange County, CA. https://www.endevco.com/wp-content/uploads/65HTLPF.pdf
4. Triaxial CCLD Accelerometer Types 4527 and 4527-001. Product Data. B&K. http://www. specman.pt/4527.pdf
5. 4526-CCLD accelerometer. Specifications. http://www.bksv.com/Products/transducers/vibration/accelerometers/accelerometers/4526?tab=specifications
6. DJB Instruments, Piezo-Electric Accelerometers-A/123/S http://www.djbinstruments.com/products/piezo -electric-

accelerometers/mono-axial-integral-electronics/a123s.

DJB Instruments, Piezo-Electric Accelerometers-A/124/E http://www.djbinstruments.com/products/piezo -electric-accelerometers/ mono-axial-integral-electronics/a124e

7. PCB Piezotronics, Model: 356A15. Product Specification. http://www.pcb.com/Products. aspx?m=356A15
8. High-temperature sensors. Meggitt Sensing Systems (MD), Wilcoxon research, Germantown, MD. http://www.wilcoxon.com/vi_index.cfm?CatS_ID=5
9. Levinzon FA (2007) 175°C Silicon-based hybrid charge amplifier for 175°C and 100-mV/g miniature piezoelectric accelerometer. IEEE Sens J 6(5):1164–1169
10. Mattingly M (2008) Aerospace accelerometers. Quality Magazine. http://www.qualitymag. com/articles/89157-aerospace-accelerometers
11. Model 6237 M70/M71 Piezoelectric accelerometer. Specification sheet. Meggitt Endevco Corp. San Juan Capistrano, CA. https://www.endevco.com/datasheets/6237m70_m71.pdf
12. Model 6240M10 Piezoelectric accelerometer. Specification sheet. Meggitt Endevco Corp. San Juan Capistrano, CA. https://www.endevco.com/datasheets/6240M10.pdf
13. Zhang S, Jiang X, Lapsley M et al (2010) Piezoelectric accelerometers for ultrahigh temperature application. Appl Phys Lett 96:013506-1-3. doi:10.1063/1.3290251
14. High temperature electronics. Honeywell Aerospace. http://aerospace.honeywell.com/products/navigation- systems/sensors-and-inertial-products/high-temperature-electronics
15. APEI HT/XT Series Silicon carbide power modules. Arkansas Power Electronics International, Inc. Fayetteville, AR. http://www.apei.net/#
16. (2002) Active low-pass filter design. Application Report SLOA049B, Texas Instrument. http://www.ti.com/lit/an/sloa049b/sloa049b.pdf
17. Single-amplifier biquadratic active filters. http://www.csi.uottawa.ca/~rhabash/ELG4135L13.pdf
18. Lenk JD (1974) Handbook of electronic components and circuits. Prentice-Hall, Englewood Cliffs, NJ
19. Todd CD (1968) Junction field-effect transistors. Wiley, New York
20. Gosling W, Townsend WG, Watson J (1971) Field-effect electronics. Wiley, New York
21. Palmer DW et al (1978) Active devices for high temperature microcircuitry. Sandia Lab, Albuquerque, NM
22. (1996) Semiconductor databook, vol 3. InterFET, Garland, TX
23. (1994) Low-power discretes data book. Siliconix, Santa Clara, CA
24. McCluskey FP, Grzybowski R, Podlesak T (1996) High temperature electronics. CRC Press, Boca Raton